Tobias Grote

Erdkunde an Stationen

SPEZIAL

Naturphänomene und Naturkatastrophen

Auer

Die Herausgeber:

Marco Bettner: Rektor als Ausbildungsleiter, Haupt- und Realschullehrer, Referent in der Lehrerfort- und Lehrerweiterbildung

Dr. Erik Dinges: Rektor einer Förderschule für Lernhilfe, Referent in der Lehrerfort- und Lehrerweiterbildung

Der Autor:

Tobias Grote: Haupt- und Realschullehrer für Erdkunde und Biologie

Gedruckt auf umweltbewusst gefertigtem, chlorfrei gebleichtem und alterungsbeständigem Papier.

2. Auflage 2017
Nach den seit 2006 amtlich gültigen Regelungen der Rechtschreibung

Illustrationen: Corina Beurenmeister, Steffen Jähde
Umschlagfoto: © Zacarias da Mata – Fotolia; © Rainer Albiez – Fotolia; © Svitlana Belinska – Fotolia
Satz: Druckerei Joh. Walch GmbH & Co. KG, Augsburg
Druck und Bindung: Druckerei Joh. Walch GmbH & Co. KG, Augsburg
ISBN 978-3-403-**07311**-6

www.auer-verlag.de

Inhaltsverzeichnis

Vorwort

Bei den vorliegenden Stationsarbeiten handelt es sich um eine Arbeitsform, bei der unterschiedliche Lernvoraussetzungen, unterschiedliche Zugänge und Betrachtungsweisen und unterschiedliche Lern- und Arbeitstempi der Schülerinnen und Schüler[1] Berücksichtigung finden. Die Grundidee ist, den Schülern einzelnen Arbeitsstationen anzubieten, an denen sie gleichzeitig selbstständig arbeiten können. Die Reihenfolge des Bearbeitens der einzelnen Stationen ist dabei ebenso frei wählbar, wie das Arbeitstempo und meist auch die Sozialform.

Als dominierende Unterrichtsprinzipien sind bei allen Stationen die Schülerorientierung und Handlungsorientierung aufzuführen. Schülerorientierung meint, dass der Lehrer in den Hintergrund tritt und nicht mehr im Mittelpunkt der Interaktion steht. Er wird zum Beobachter, Berater und Moderator. Seine Aufgabe ist nicht das Strukturieren und Darbieten des Lerngegenstandes in kleinsten Schritten, sondern durch die vorbereiteten Stationen eine Lernatmosphäre zu schaffen, in der Schüler sich Unterrichtsinhalte eigenständig erarbeiten bzw. Lerninhalte festigen und vertiefen können.
Handlungsorientierung meint, dass das angebotene Material und die Arbeitsaufträge für sich selbst sprechen. Der Unterrichtsgegenstand und die zu gewinnenden Erkenntnisse werden nicht durch den Lehrer dargeboten, sondern durch die Auseinandersetzung mit dem Material und die eigene Tätigkeit gewonnen und begriffen.

Ziel der Veröffentlichung ist, wie bereits oben angesprochen, das Anknüpfen an unterschiedliche Lernvoraussetzungen der Schüler. Jeder einzelne erhält seinen eigenen Zugang zum inhaltlichen Lernstoff. Die einzelnen Stationen ermöglichen das Lernen nach allen Sinnen, bzw. nach den verschiedenen Eingangskanälen. Dabei werden sowohl visuelle (sehorientierte), als auch haptische (fühlorientierte) und auch intellektuelle Lerntypen angesprochen. An dieser Stelle werden auch gleichermaßen die Brunerschen Repräsentationsebenen (enaktiv bzw. handelnd, ikonisch bzw. visuell und symbolisch). Aus Ergebnissen der Wissenschaft ist bekannt, dass je mehr Eingangskanäle angesprochen werden, um so besser und langfristiger wird Wissen gespeichert und damit um so fester verankert. Das vorliegende Arbeitsheft unterstützt in diesem Zusammenhang das Erinnerungsvermögen, das nicht nur an Einzelheiten, an Begriffe und Zahlen geknüpft ist, sondern häufig auch an die Lernsituation.

Marco Bettner, Dr. Erik Dinges

[1] Aufgrund der besseren Lesbarkeit ist in diesem Buch mit Schüler auch immer Schülerin gemeint, ebenso verhält es sich mit Lehrer und Lehrerin etc.

Materialaufstellung und Hinweise zu den einzelnen Stationen

Einführung

Die Seiten 9 bis 14 sind in entsprechender Anzahl zu vervielfältigen und den Schülern bereitzulegen. Als Möglichkeit zur Selbstkontrolle können Lösungsseiten erstellt werden.

S. 9	Station 1:	**Definition von Naturkatastrophen**
S. 10	Station 2:	**Mind-Map Naturkatastrophen:** DIN-A3-Blatt oder größeres Blatt bereitstellen
S. 11	Station 3:	**Naturkatastrophen verorten**
S. 12	Station 4:	**Gefährdete Zonen der Erde:** Atlas und Buntstifte bereitstellen
S. 13	Station 5:	**Naturkatastrophen 2015**
S. 14	Station 6:	**Naturphänomene-Rätsel**

Erdbeben

Die Seiten 15 bis 24 sind in entsprechender Anzahl zu vervielfältigen und den Schülern bereitzulegen. Als Möglichkeit zur Selbstkontrolle können Lösungsseiten erstellt werden.

S. 15	Station 1:	**Aufbau der Erde:** Buntstifte bereitstellen
S. 17	Station 2:	**Theorie der Kontinentalverschiebung**
S. 18	Station 3:	**Formen der Erdplattenbewegung**
S. 19	Station 4:	**Erdplatten:** Atlas bereitstellen
S. 20	Station 5:	**Erdbeben und ihre Stärke**
S. 21	Station 6:	**Erdbeben – Schutz und Vorhersage**
S. 22	Station 7:	**Verhalten bei einem Erdbeben:** evtl. Computer mit Internetzugang und Lexikon bereitstellen
S. 23	Station 8:	**Erdbebensuche:** Atlas bereitstellen
S. 24	Station 9:	**Erdbeben-Rätsel:** evtl. Computer mit Internetzugang und Lexikon bereitstellen

Gefahr aus dem All

Die Seiten 25 bis 29 sind in entsprechender Anzahl zu vervielfältigen und den Schülern bereitzulegen. Als Möglichkeit zur Selbstkontrolle können Lösungsseiten erstellt werden.

S. 25	Station 1:	**Asteroid, Komet und Meteorit**
S. 26	Station 2:	**Meteoritenschauer über Russland**
S. 27	Station 3:	**Meteoritensuche:** Computer mit Google-Earth oder Internetzugang bereitstellen
S. 28	Station 4:	**Nördlinger Ries**
S. 29	Station 5:	**Himmelskörper-Rätsel**

Kraft des Wassers

Die Seiten 30 bis 36 sind in entsprechender Anzahl zu vervielfältigen und den Schülern bereitzulegen. Als Möglichkeit zur Selbstkontrolle können Lösungsseiten erstellt werden.

S. 30 Station 1: **Wasserkreislauf**
S. 31 Station 2: **Die Gezeiten**
S. 32 Station 3: **Phänomen Tsunami**
S. 33 Station 4: **Folgen des Monsuns**
S. 34 Station 5: **Hochwasser**
S. 35 Station 6: **Leben mit dem Wasser**
S. 36 Station 7: **Wasser-Rätsel**

Lawinen

Die Seiten 37 bis 41 sind in entsprechender Anzahl zu vervielfältigen und den Schülern bereitzulegen. Als Möglichkeit zur Selbstkontrolle können Lösungsseiten erstellt werden.

S. 37 Station 1: **Lawinenformen:** Schere und Kleber bereitlegen
S. 38 Station 2: **Lawinenschutz:** Computer mit Internetzugang bereitstellen
S. 39 Station 3: **Schäden durch Lawinen:** Atlas und evtl. Computer mit Internetzugang bereitstellen
S. 40 Station 4: **Pro und Kontra „Skipiste"**
S. 41 Station 5: **Lawinen-Rätsel**

Temperaturextreme

Die Seiten 42 bis 48 sind in entsprechender Anzahl zu vervielfältigen und den Schülern bereitzulegen. Als Möglichkeit zur Selbstkontrolle können Lösungsseiten erstellt werden.

S. 42 Station 1: **Desertifikation**
S. 44 Station 2: **Wüstenregionen der Erde:** Atlas und evtl. Computer mit Internetzugang bereitstellen
S. 45 Station 3: **Sommer 2003**
S. 46 Station 4: **Dürrekatastrophe in den USA 2012**
S. 47 Station 5: **Bekämpfung der Desertifikation**
S. 48 Station 6: **Klimatische Bedingungen der Antarktis:** Atlas bereitstellen

Vulkanismus

Die Seiten 49 bis 55 sind in entsprechender Anzahl zu vervielfältigen und den Schülern bereitzulegen. Als Möglichkeit zur Selbstkontrolle können Lösungsseiten erstellt werden.

S. 49 Station 1: **Schichtvulkan**
S. 50 Station 2: **Schildvulkan**
S. 51 Station 3: **Unterschiede zwischen Schicht- und Schildvulkan**
S. 52 Station 4: **Leben am aktiven Vulkan:** Atlas und evtl. Computer mit Internetzugang bereitstellen
S. 53 Station 5: **Der Ausbruch des Vesuvs**
S. 54 Station 6: **Wo gibt es Vulkane?:** Atlas bereitstellen
S. 55 Station 7: **Vulkan-Rätsel**

Wind und Wetter

Die Seiten 56 bis 61 sind in entsprechender Anzahl zu vervielfältigen und den Schülern bereitzulegen. Als Möglichkeit zur Selbstkontrolle können Lösungsseiten erstellt werden.

Laufzettel

für ______________________________

Pflichtstationen

Stationsnummer	erledigt	kontrolliert
Nummer _____		
Nummer _____		
Nummer _____		
Nummer _____		
Nummer _____		
Nummer _____		
Nummer _____		
Nummer _____		
Nummer _____		

Wahlstationen

Stationsnummer	erledigt	kontrolliert
Nummer _____		
Nummer _____		
Nummer _____		
Nummer _____		
Nummer _____		
Nummer _____		
Nummer _____		

Definition Naturkatastrophen

Name: ____________________

Aufgabe 2

Lies den Text aufmerksam durch.

Naturphänomene finden wir auf unserer Erde überall, und sie sind in ihrer Ausprägung und Häufung sehr unterschiedlich. Dabei lassen sich alle Naturphänomene bestimmten Kategorien zuordnen. Sie können geologischen (Erdbeben, Vulkanausbrüche, Meteoriteneinschläge), meteorologischen (Überschwemmungen, Dürre, Stürme) oder biologischen (Epidemien, Virusinfektionen) Ursprungs sein. Durch das Auftauchen des Menschen und sein Eingreifen in das Ökosystem der Erde verändert er das natürliche Gleichgewicht der Ökosysteme mit unübersehbaren Folgen. Der Mensch ist somit mit diesen Naturphänomenen konfrontiert, wie er sie gleichermaßen beschleunigt. Das UN-Sekretariat zur Reduzierung von Katastrophen hat eine Katastrophe folgendermaßen deklariert: „die Unterbrechung der Funktionsfähigkeit einer Gemeinschaft oder Gesellschaft, die hohe menschliche, materielle, ökonomische und ökologische Verluste verursacht und die Fähigkeit der betroffenen Gemeinschaft oder Gesellschaft übersteigt, diese aus eigener Kraft zu bewältigen" (ISDR 2004, Anhang 1, S.3).

Aufgabe 2

Gib in eigenen Worten wieder, wann man von einer Naturkatastrophe spricht.

Aufgabe 3

Erkläre, warum der Mensch für Naturkatastrophen mitverantwortlich ist.

Station 2

Mind-Map Naturkatastrophen

Name: ______________________

Aufgabe

Ordne die Begriffe aus dem Kasten den Ästen der Mind-Map zu. Fasse, wo es sich anbietet, Ursachen und Folgen besonders zusammen. Verwende ein eigenes Blatt.

Ausbruchsarten – Vulkanformen – Starkregen – größte Ausbrüche
Schutzmaßnahmen – Lawinentypen – Hochwasserschutz – Sturmtypen – explosiv
Kegelvulkan – Schichtvulkan – Maare – Abholzung der Hangwälder
Schneeverhältnisse – Skifahren – Lawinenzäune – Sprengung – Staublawine
Schneebrettlawine – Hungerkatastrophe – Erosion – Tornado
Schneeschmelze – Hurrikan – Plattentektonik – Tsunami

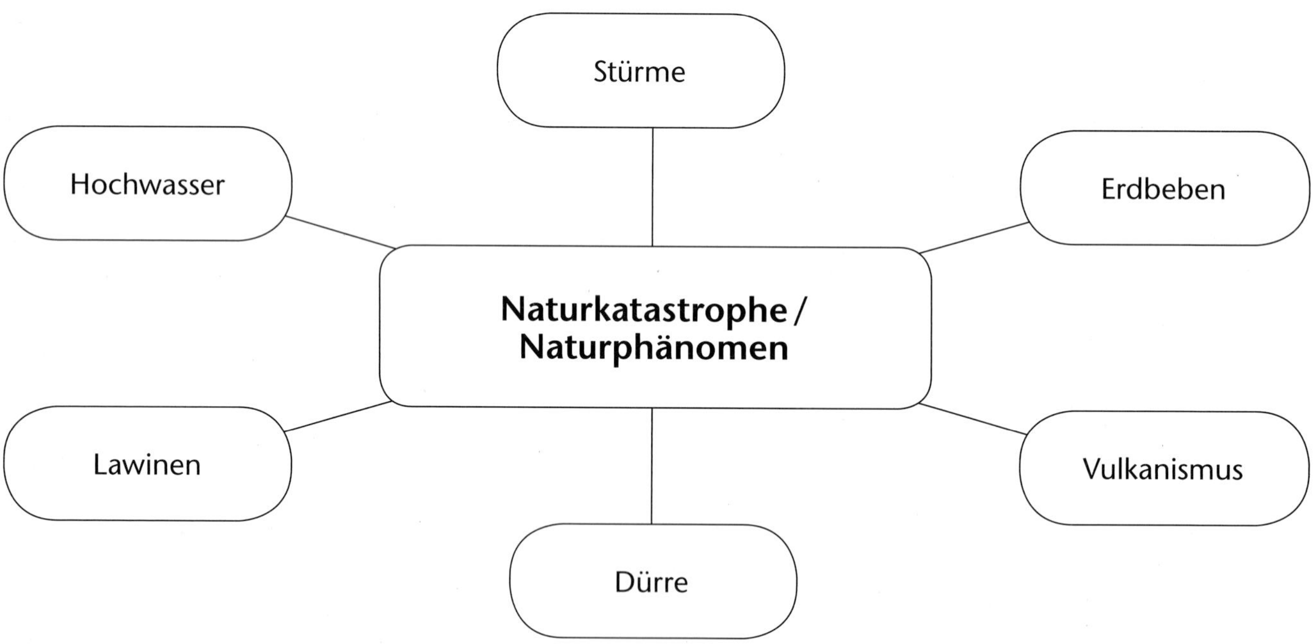

Station 3

Naturkatastrophen verorten

Name: ______________________

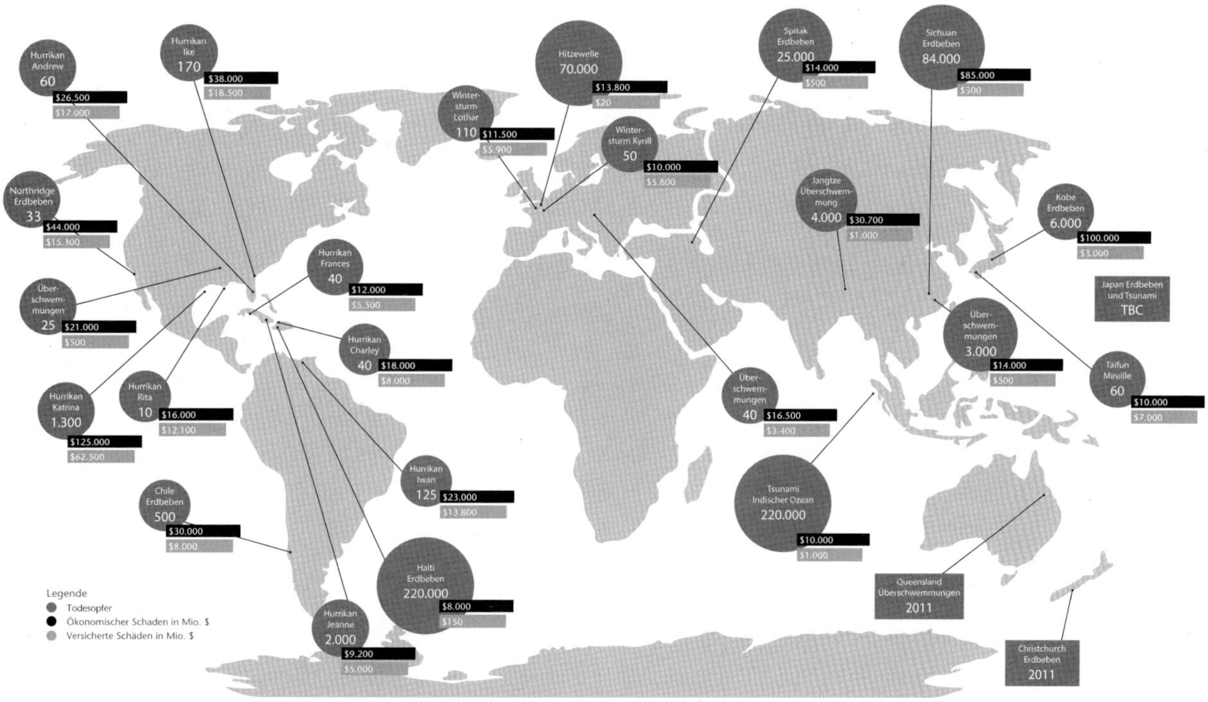

Die größten Naturkatastrophen seit 1970

Aufgabe 1

Stelle die fünf Katastrophen mit den meisten Opfern den fünf Katastrophen mit dem höchsten Schaden gegenüber.

Katastrophen mit den meisten Opfern	Katastrophen mit dem höchsten wirtschaftlichen Schaden (in Mio. $)

Aufgabe 2

Gib in eigenen Worten wieder, wann man von einer Naturkatastrophe spricht.

____

____

____

____

Station 4

Name:

Gefährdete Zonen der Erde

Aufgabe

Arbeite mit dem Atlas und zeichne die katastrophengefährdeten Gebiete in die Karte ein. Denke dabei an Stürme, Erdbeben, Vulkane und Dürren.

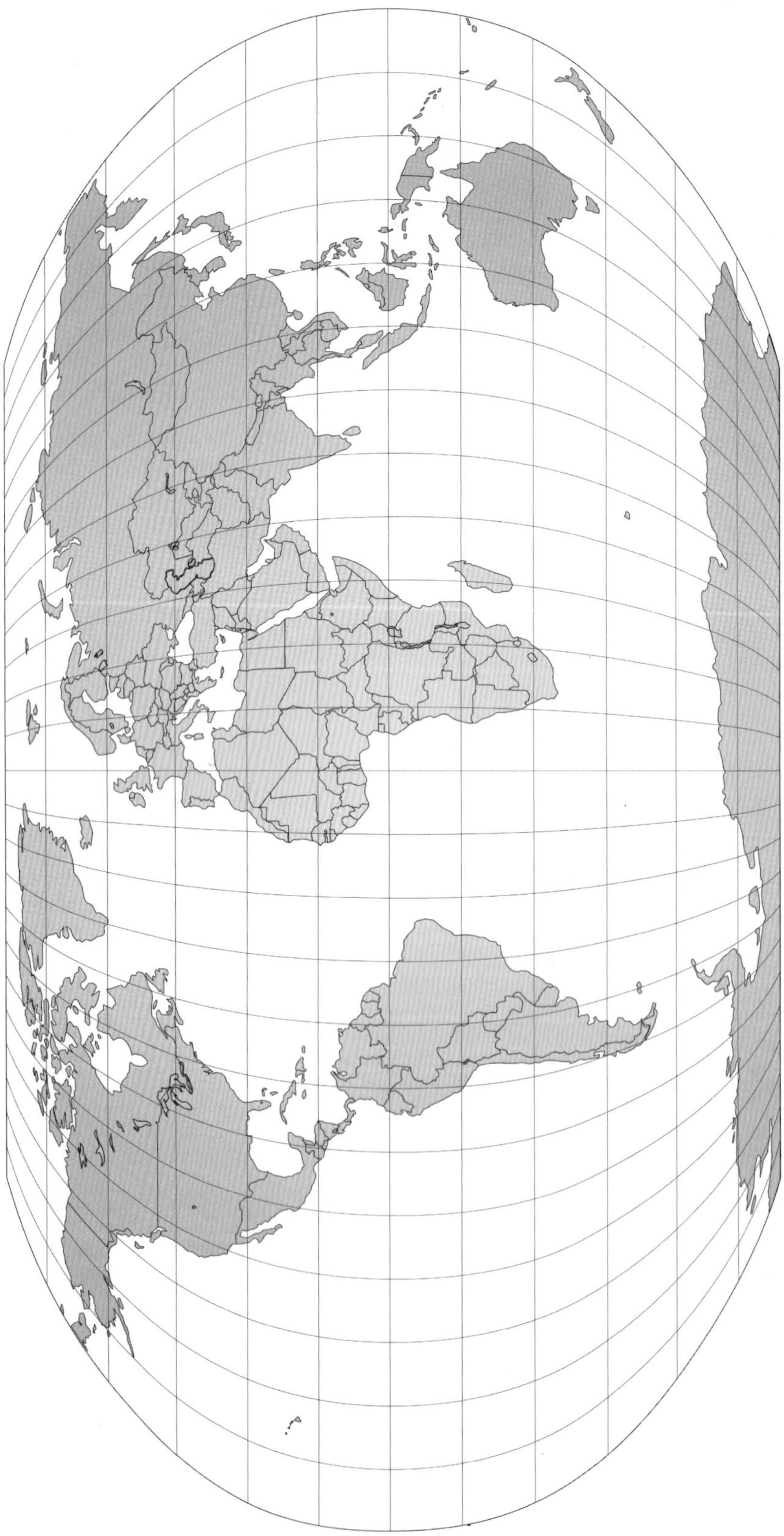

Tobias Grote: Erdkunde an Stationen Spezial: Naturphänomene und Naturkatastrophen

Station 5

Naturkatastrophen 2015

Name: ____________________

Aufgabe 1

Sortiere die Ereignisse in die Tabelle ein.

01.01.2015 **Dürre** (Westen der USA)

13.01.2015 **Schwerer Tropischer Sturm „Mekkhala“** (Philippinen)

25.04.2015 **Erdbeben** (Nepal)

23.05.2015 **Unwetter** (Great Plains, USA)

01.06.2015 **Dürre** (Rumänien, Polen und Tschechien)

01.07.2015 **Dürre** (Südafrika)

24.07.2015 **Sturmtief „Zeljko"** (Nordsee)

02.08.2015 **Taifun „Soudelor"** (Saipan, Taiwan und China)

22.08.2015 **Überschwemmung** (Nordkorea)

16.09.2015 **Erdbeben** (Chile)

01.10.2015 **Überschwemmung** (Südosten der USA)

02.10.2015 **Taifun „Mujigae“** (Philippinen und China)

20.10.2015 **Hurrikan „Patricia“** (Mexiko und Guatemala)

26.10.2015 **Erdbeben am Hindukusch** (Pakistan und Afghanistan)

09.11.2015 **Überschwemmungen** (Südindien und Sri Lanka)

22.12.2015 **Überschwemmung** (UK)

26.12.2015 **Unwetter** (Great Plains, USA)

Stürme / Unwetter	Temperaturextreme	Überschwemmungen	Erdbeben

Aufgabe 2

Entwirf für jede Spalte ein Symbol und zeichne es in die erste Zeile der Tabelle ein.

Station 6

Name: ____________________

Naturphänomene-Rätsel

Aufgabe

Finde 14 Begriffe zum Thema „Naturphänomene“ und kreise sie ein. Die Begriffe können sowohl senkrecht als auch waagerecht zu finden sein.

P	U	I	J	Ü	F	T	M	E	T	E	O	R	I	T	E	N
R	T	V	K	S	N	L	I	U	O	J	G	D	A	M	Y	X
P	S	R	A	W	A	L	D	B	R	Ä	N	D	E	N	Ü	S
C	T	M	O	L	T	W	T	T	N	V	T	Ü	Q	E	B	H
L	Ü	E	P	X	U	L	H	L	A	W	I	R	E	X	E	N
I	R	M	E	T	R	P	F	F	D	X	Q	R	K	Z	R	Ä
Q	M	B	B	A	K	U	V	U	O	N	X	E	C	N	S	O
W	E	V	U	G	A	F	F	B	S	B	Q	B	Q	U	C	K
A	J	G	T	T	T	M	N	Z	W	Z	Ä	S	B	T	H	D
L	V	U	L	K	A	N	A	U	S	B	R	U	C	H	W	C
D	W	J	Ö	N	S	Q	X	G	T	U	G	W	P	K	E	O
B	G	E	W	I	T	T	E	R	G	J	I	V	Y	F	M	L
R	P	P	S	A	R	S	M	I	I	T	S	U	N	A	M	I
Ä	R	Y	Ü	F	O	H	C	Ä	S	U	T	R	Z	L	U	H
N	G	K	I	T	P	B	G	H	U	R	R	I	K	A	N	E
D	N	H	O	C	H	W	A	S	S	E	R	T	U	S	G	L
E	E	R	D	B	E	B	E	N	A	M	M	R	D	J	E	E
V	X	L	Ä	B	G	W	U	A	H	K	E	U	X	O	N	Ü

Tobias Grote: Erdkunde an Stationen Spezial: Naturphänomene und Naturkatastrophen

Station 1

Aufbau der Erde

Name: ______________________

Aufgabe 1

Ergänze im Text die fehlenden Wörter aus dem Kasten.

Äußeren Erdkerns – Erdkruste – Erdmantel – Erdmittelpunkt – Erdplatten Kontinentale Kruste – Konvektionsströme – Kugel – Magnetfeld – Mittelpunkt oberen Erdmantel – Ozeanische Kruste – unteren Erdmantel – zähflüssiger

Die tiefste Bohrung, die jemals durchgeführt wurde, weist eine Bohrtiefe von 12,3 km auf. Wenn man bedenkt, dass der ______________________ bei 6370 km liegt, kann man sich vorstellen, dass das nur ein Kratzen an der Oberfläche war. Die Oberfläche, auf der wir mit unseren Füßen stehen, nennt man ______________________, genauer gesagt die ______________________, da sie die Landmassen bildet. Der Bereich, der vollständig mit Meerwasser bedeckt ist, wird ______________________ genannt. Die Erdkruste hat etwa eine Dicke von 40 Kilometern. Bei Bohrungen in Deutschland hat man bei einer Tiefe von 4000 m bereits 200 °C gemessen. An die Kruste schließt sich ein eher ______________________ Bereich an, der sogenannte ______________________. Dieser ist nochmals unterteilt, in den ______________________, der bis in eine Tiefe von 400 km reichen kann, und den ______________________ mit einer Tiefe von 2900 km. Seine Temperatur von 2700 °C bewirkt ein Schmelzen des Gesteins. Die so entstehenden ______________________ sorgen für die Bewegung der ______________________. Bei einer Tiefe von 5100 km befindet sich die Grenze des ______________________. Dieser Bereich des Erdinnern ist etwa 5000 °C heiß, und Gestein, vor allem Eisen und Nickel, beginnt zu schmelzen. Durch Fließbewegungen entstehen elektrische Strömungen. Im Äußeren Erdkern bildet sich das ______________________ der Erde. Ab einer Tiefe von 5100 km beginnt der Innere Erdkern. Der „______________________ der Erde“ ist bei einer Tiefe von 6371 km erreicht. Hier ist der Druck so groß, dass Eisen und Nickel zu einer festen ______________________ zusammengepresst werden.

Name: ____________

Aufbau der Erde

Aufgabe 2

Beschrifte die Abbildung und male die unterschiedlichen Schichten farbig an.

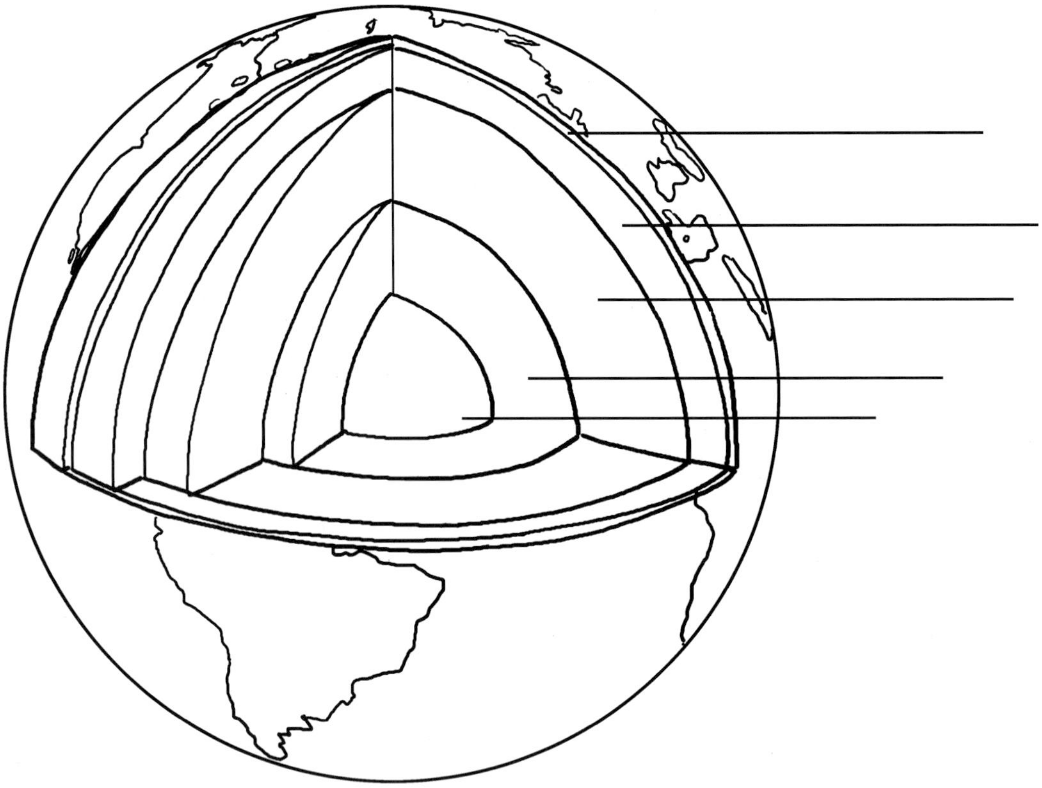

Aufgabe 3

Vervollständige die Tabelle.

Tiefe (km)	Schichtgliederung	Zustand	Temperatur in °C
			____________

Theorie der Kontinentalverschiebung

Name: ____________________

Aufgabe 1

Lies den Text aufmerksam durch.

Es gab eine Zeit, da dachten Wissenschaftler, dass Gebirge aus abgekühlter Lava bestehen, die sich zusammengezogen und dabei Falten aufgeworfen hatte. Einer konnte aber mit diesen Vorstellungen nichts anfangen. Alfred Wegener wurde 1880 in Berlin geboren. Er war Meteorologe, Geologe und Polarforscher. Durch seine Arbeiten hatte er immer mit Landkarten zu tun. Beim Betrachten einer Weltkarte fiel ihm dabei auf, dass der Verlauf der Ostküste Südamerikas exakt in den Abschnitt an der Westküste Afrikas passen würde. Das konnte doch kein Zufall sein! Wegener studierte daraufhin fossile Funde auf beiden Kontinenten und stellte fest, dass es eine ähnliche Flora und Fauna auf beiden Erdteilen gegeben hatte. Auch seine geologischen Studien beiderseits des Atlantiks lieferten ihm Hinweise, um eine neue Theorie zu entwickeln: die Theorie der „Kontinentalverschiebung“. Wegener nahm dabei an, dass die Kontinente über die Erde driften. In der Fachwelt wurde er für seine Theorie sehr belächelt, denn er blieb die Antwort schuldig, wie Kontinente sich bewegen können. Erst um 1950 konnte dies erklärt werden. Heute weiß man, dass es etwa sieben große und eine Anzahl kleinerer Erdplatten gibt, die alle in Bewegung sind.

Aufgabe 2

Nenne die Gründe, die Wegener für seine Theorie der Kontinentalverschiebung vorbringen konnte.

Aufgabe 3

Nenne die Frage, die Wegener nicht beantworten konnte.

Station 3

Formen der Erdplattenbewegung

Name: ____________________

Aufgabe

Beschreibe mithilfe der Begriffsliste die folgenden Möglichkeiten der Plattenbewegungen.

Dehnung

Erdplatten – voneinander – wegtreiben – Erdkruste – dünner – auseinanderbrechen – Spalt – Magma – Dehnungszone – Vulkane

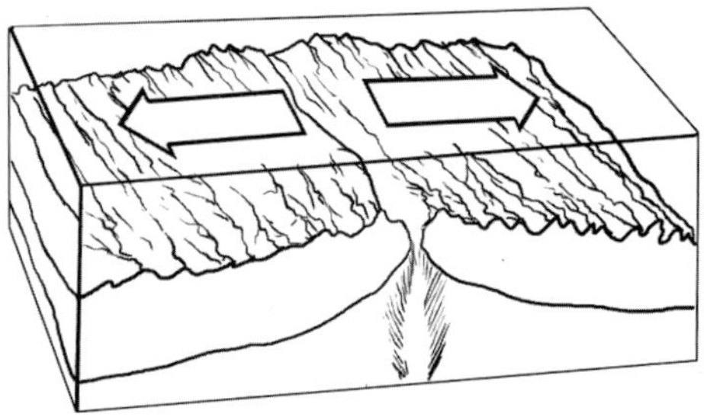

Stauchung

zwei Erdplatten – aufeinander zu – Platte schieben sich unter – Magma – aufschmelzen

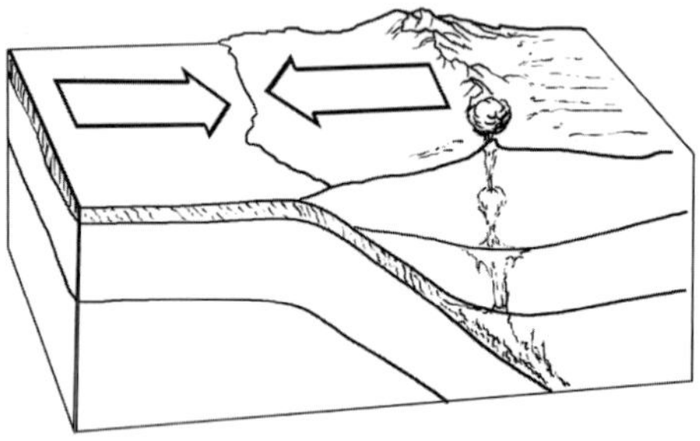

Scherung

Platten – aneinander vorbei – nicht glatt – Reibung – verhaken – Spannungen – ruckartig – Erdbeben

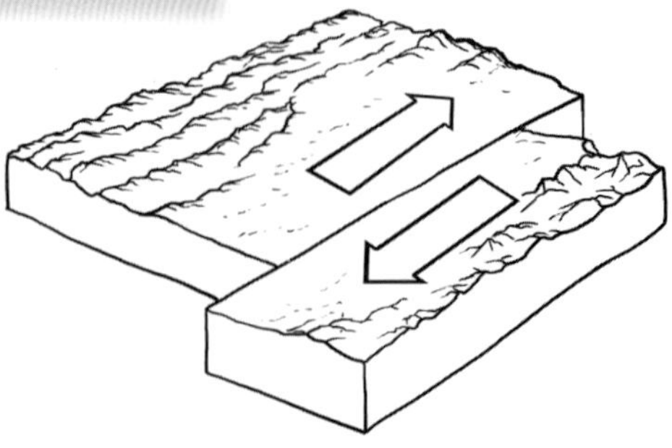

Station 4

Erdplatten

Name: ______________________

Aufgabe 1

Markiere an den Plattengrenzen die Bewegungsrichtungen der fettgedruckten Platten mit Pfeilen. Benutze dazu deinen Atlas.

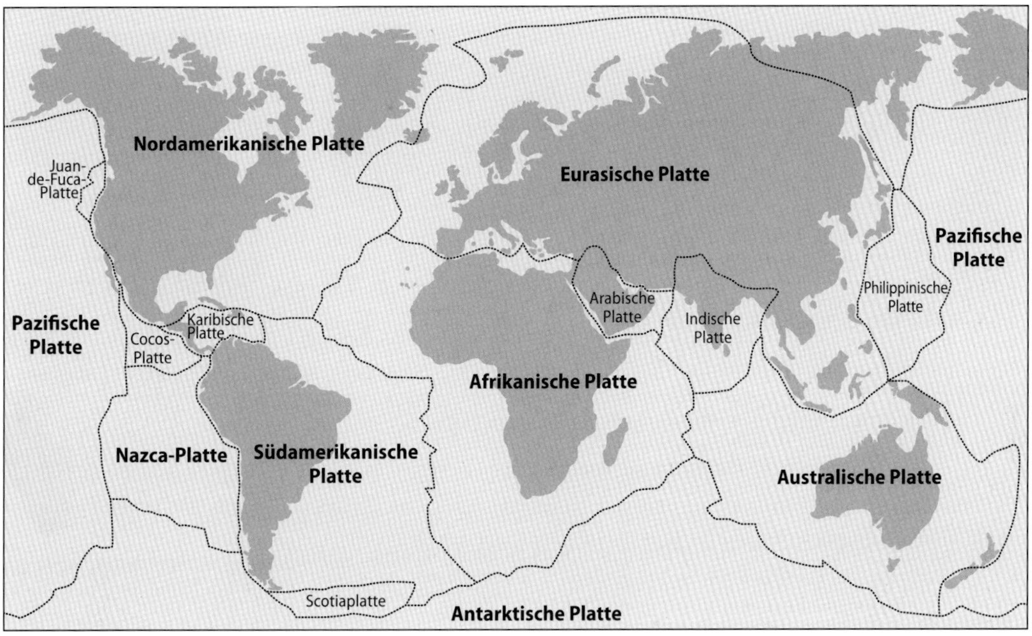

Aufgabe 2

Nenne jeweils zwei Ozeanische und zwei Kontinentale Platten.

____

____

____

____

Aufgabe 3

Die Afrikanische und die Eurasische Platte bewegen sich aufeinander zu.
Beschreibe die Folgen für das Mittelmeer.

____

____

____

____

Station 5

Name: ____________________

Erdbeben und ihre Stärke

Aufgabe 1

Der Italiener Giuseppe Mercalli (1850–1914) teilte Erdbeben in zwölf Stufen ein und beschrieb für jede Stufe die Erdbebenfolgen. Ordne den Erdbeben der Zeitungsmeldungen den jeweils entsprechenden Wert der Mercalli-Skala zu.

Mercalli-Stufe	Beschreibung der Erdbebenfolgen
1	Unmerklich, nur durch Instrumente nachweisbar
2	Kaum merklich
3	Von einigen Menschen bemerkt
4	Von den meisten Menschen im Umkreis von 30 km bemerkt, spürbar in Häusern, kleine Schäden möglich
5	Menschen werden im Schlaf aufgeweckt, Bäume und Masten beginnen zu schwanken.
6	Möbel können sich verschieben, leichte Schäden
7	Leicht gebaute Häuser können schwer beschädigt werden. Menschen geraten in Panik und laufen aus den Häusern, leichte Schäden auch an massiven Bauwerken. Todesopfer in dicht besiedelten Regionen wahrscheinlich.
8	Verbreitete Zerstörungen von Gebäuden, leichte Schäden auch an „erdbebensicheren" Gebäuden und Anlagen. Felsen stürzen ein, Erdrutsche treten auf.
9	Allgemeine Gebäudezerstörungen, Fundamente verschieben sich, im Erdboden erscheinen erkennbare Risse.
10	Verwüstungen, katastrophenartige Zerstörungen, breite Risse im Erdboden, die meisten Gebäude zerstört
11	Alle Gebäude zerstört, landschaftsverändernde Zerstörungen, breite Spalten im Erdboden und in Straßen
12	Großflächige verheerende Katastrophe

A Sizilien atmet auf!

Das Erdbeben am gestrigen Tag wurde nur von sehr aufmerksamen Beobachtern wahrgenommen und ließ den Ätna weiter ruhen.

Stufe:

B Geologen geben Entwarnung!

Geologen konnten leichte Erdbebenwellen mit den Seismographen im Oberrheingraben feststellen.

Stufe:

C Donauwörth

Am vergangenen Mittwoch wurde vielerorts ein leichtes Beben wahrgenommen. Schäden wurden kaum registriert.

Stufe:

D Erdbeben erschüttert Istanbul

Ein starkes Beben hat gestern in Istanbul für Großeinsätze der Rettungskräfte gesorgt. Fieberhaft wird unter den zahlreichen eingestürzten Gebäuden nach Überlebenden gesucht.

Stufe:

E San Francisco wackelt!

Am Morgen hat ein Erdbeben die Bewohner San Franciscos geweckt. Dabei ist nur kleiner Sachschaden entstanden, da lediglich Geschirr und Fensterscheiben zu Bruch gingen.

Stufe:

Aufgabe 2

Verfasse auf einem eigenen Blatt einen Bericht zu einem Erdbeben der Stufe 12.

Station 6

Erdbeben – Schutz und Vorhersage

Name: ____________________

Aufgabe 1

Lies den Text aufmerksam durch.

Erdbeben gehören zu den schlimmsten Katastrophen auf dieser Erde. Daher war es schon immer ein Anliegen des Menschen, diese frühzeitig zu erkennen. Einen ersten Versuch stellte ein Pendel in einem Krug dar. Andere „Geräte" waren nichts weiter als mit Flüssigkeit gefüllte Gefäße, die bei Erschütterungen überliefen. Man nennt sie *Seismoskope*. Erst im 19. Jahrhundert wurde der *Seismograph* entwickelt, der nun die Erdbebenwellen und den Zeitpunkt der seismischen Aktivität messen konnte. Man entdeckte dabei, dass die Beben entlang der Verwerfungsflächen, also den schwächsten Stellen der Erde, entstehen. Der Punkt, der senkrecht über dem Ursprung der Erdbebenwellen steht, nennt man *Epizentrum*. Hier ist die Erschütterung meist am stärksten. Der Erdbebenherd im Inneren der Erde wird als *Hypozentrum* bezeichnet.

Heute steht bei der Beurteilung der Stärke eines Erdbebens allerdings nicht mehr die bei einem Beben freigesetzte Energie im Mittelpunkt, sondern die Länge des Bruchs in der Erdkruste. Diese kann mehrere hundert Meter oder sogar einige hundert Kilometer betragen.

Trotz allem bleibt festzuhalten, dass zuverlässige Prognosen von Erdbeben nicht möglich sind. Wissenschaftler können lediglich den Ort und die Stärke von Beben einkreisen. Dies gelingt ihnen durch die Fortschritte in der seismologischen Messtechnik und die flächendeckende Verteilung moderner Erdbebenstationen.

Aufgabe 2

Beschreibe den Nachteil der Seismoskopen gegenüber den Seismographen.

____

____

____

Aufgabe 3

Erkläre in eigenen Worten den Unterschied zwischen dem Epizentrum und dem Hypozentrum.

____

____

____

Aufgabe 4

Erdbeben richten die größten Schäden aufgrund der wellenförmigen Ausbreitung der Erdstöße an. Erläutere eine erdbebensichere Bauweise von Hochhäusern, die sich diese wellenförmige Ausbreitung zunutze machen könnte. Schreibe dazu auf ein eigenes Blatt.

Station 7

Verhalten bei einem Erdbeben

Name: ____________________

Aufgabe 1

Im Kasten findest du Verhaltensregeln bei einem Erdbeben. Sortiere sie in die richtigen Spalten ein.

Feuerlöscher bereithalten – Radio hören – Arzneikasten vorbereiten
Vorrat an Wasser und Konserven anlegen – Feuerquellen ausschalten
regelmäßig Taschenlampen überprüfen – splitterndes Fensterglas vermeiden
Bücherregale sichern – auf Nachbeben achten – Zimmertüren öffnen
Standfestigkeit von tragbaren Heizgeräten überprüfen

Sicherheitsmaßnahmen im Erdbebengebiet	Während des Bebens	Nach dem Beben

Aufgabe 2

Wähle zwei Verhaltensregeln aus und beschreibe, was passieren könnte, wenn man sich nicht daran hält.

____

____

____

____

____

____

____

Name: ____________________

Erdbebensuche

Aufgabe 1

Verbinde die genannten Erdbeben mit den Staaten auf der Karte. Nimm dazu deinen Atlas zu Hilfe.

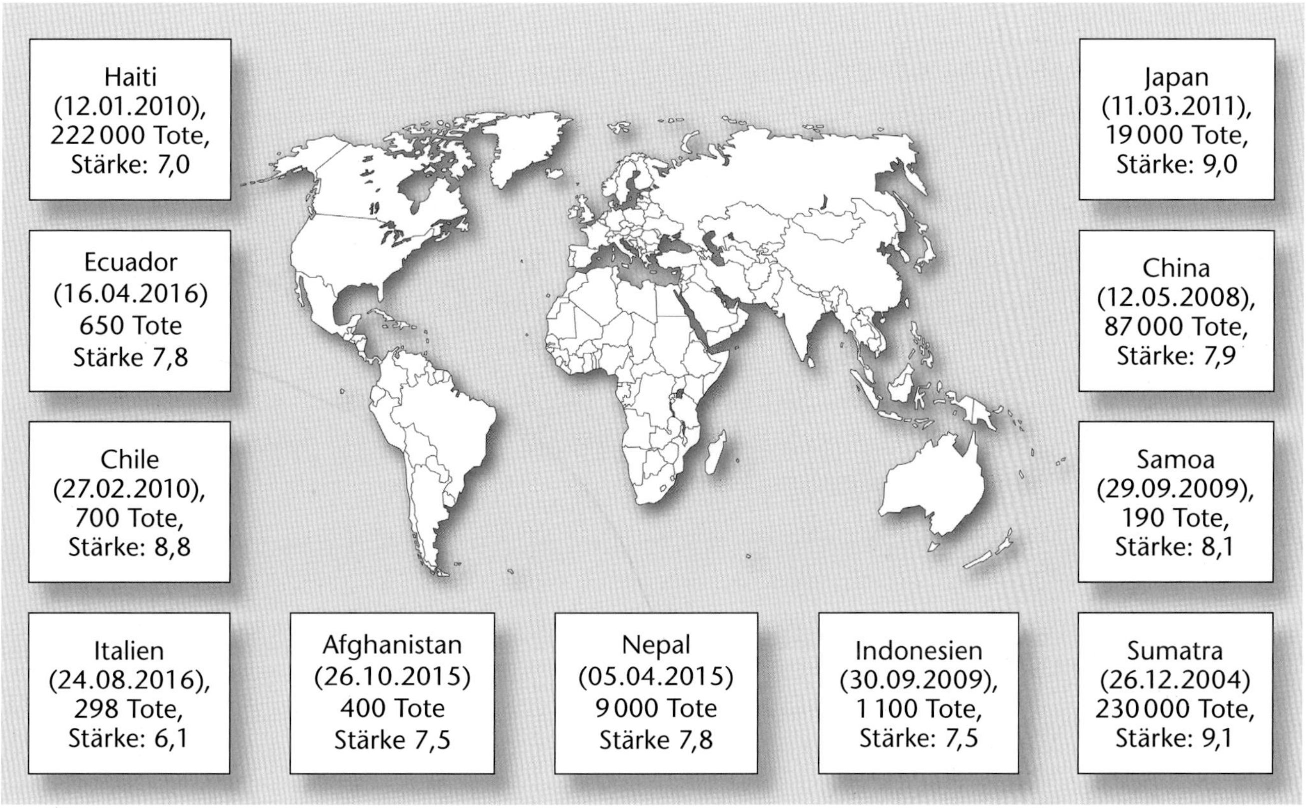

Aufgabe 2

Gib an, was dir bei der Verteilung der Erdbeben auffällt, wenn du sie mit der Lage der Erdplatten vergleichst.

____

____

____

____

____

Station 9

Erdbeben-Rätsel

Name: ____________________

Aufgabe

Finde die zehn Begriffe rund um das Naturphänomen Erdbeben und kreise sie ein. Die Begriffe können waagrecht, senkrecht und diagonal stehen.

S	R	E	Ü	D	U	E	R	D	B	E	B	E	N	N	A	S
C	E	X	E	P	I	Z	E	N	T	R	U	M	M	T	H	E
D	R	R	A	H	C	Ö	S	R	Z	D	N	Ä	B	C	V	I
V	F	Ü	D	F	R	R	E	R	D	K	E	R	N	N	M	S
N	A	S	I	M	M	D	U	Ä	T	R	V	M	X	E	S	M
Ä	P	N	U	R	A	S	M	Y	I	U	K	L	W	T	Ö	O
I	R	M	V	P	Ä	N	V	X	E	S	Y	K	G	D	S	G
P	L	A	T	T	E	N	T	E	K	T	O	N	I	K	Ä	R
M	N	G	A	Ö	R	U	L	E	P	E	P	W	J	Q	B	A
K	Y	M	R	E	W	P	Ü	T	L	V	U	M	D	F	A	P
O	F	A	L	T	E	N	G	E	B	I	R	G	E	Y	Ä	H
L	B	Z	H	P	R	M	A	S	T	R	W	Q	I	B	T	X
K	O	N	V	E	K	T	I	O	N	S	S	T	R	Ö	M	E
Y	F	J	H	Ü	R	Ä	A	T	M	R	Q	P	B	E	S	H

Name: ______

Asteroid, Komet und Meteorit

Aufgabe 1

Lies den Text aufmerksam durch.

An unserem Himmel spielen sich ständig verschiedene Phänomene ab. Viele bleiben dabei unentdeckt. Auch kleine Himmelskörper sind auf unterschiedlichen Bahnen kreuz und quer durch das Weltall unterwegs. Kreuzt ein Asteroid, Komet oder Meteorit die Bahn der Erde, kann es zu einer Kollision kommen. In der Erdgeschichte ist dies schon häufiger vorgekommen, und alle Kollisionen hinterlassen auf unserer Erde eine Narbe in Form eines Einschlagskraters.
Asteroiden sind sehr unregelmäßig geformte Gesteinsbrocken, die einen Durchmesser von bis zu 1 000 km haben können, allerdings sind die meisten nur 20–40 km groß. Man nimmt an, dass Asteroiden Materialreste sind, die bei der Entstehung unseres Sonnensystems übrig blieben. Es gibt einen großen Asteroidengürtel zwischen Mars und Jupiter, aus dem durch die Anziehungskraft anderer Planeten immer wieder Asteroiden aus der Bahn geworfen werden. **Kometen** sind dagegen Gebilde aus Stein und Eis, die meist einen Durchmesser von bis zu 50 km haben können. Sie kommen aus sehr entfernten Gegenden der Galaxis und sind auf flachen Bahnen unterwegs. Durch die Sonnenenergie verdampft die Flüssigkeit auf der Oberfläche des Kometen und wird als Kometenkopf sichtbar. Durch die Sonnenwinde (Teilchenstrahlung der Sonne) werden alle Gase und Staubpartikel um den Kometen in einen Bereich zusammengedrängt, und es entsteht dabei der weithin sichtbare Kometenschweif.
Die größte Menge an umherfliegenden Teilchen machen die **Meteoriten** aus. Die meisten sind dabei nur staubkorngroß und bestehen aus Stein und Eisen. Die größten unter ihnen können aber auch einen Durchmesser bis zu 100 m erreichen. Meteorite sind Fragmente ehemaliger Asteroiden oder Kometen. Wir kennen diese kleinen Himmelskörper als „Sternschnuppen", da sie beim Eintritt in die Atmosphäre verglühen und den typischen Lichtstreifen erzeugen. Die größeren Meteorite verglühen nicht in der Erdatmosphäre und schlagen auf die Erde auf. Die dabei entstehende Schockwelle bildet Krater aus. Diese kann man auch heute noch gut auf Satellitenbildern erkennen.

Aufgabe 2

Fülle die Tabelle aus.

Himmelskörper			
Name			
Größe (Durchmesser)			
Zusammensetzung			

Meteoritenschauer über Russland

Name: ____________

Aufgabe 1

Lies den Text aufmerksam durch.

Gewaltiger als die Atombombe über Hiroshima

Mit vermutlich 19 Metern Durchmesser war der Asteroid, der am 15. Februar 2013 über der russischen Stadt Tscheljabinsk zerborsten ist, deutlich größer als zuerst angenommen. Nach Schätzungen der NASA lag das Gesamtgewicht dieses einzigartigen Himmelskörpers bei ungefähr 10 000 Tonnen. Bei einer Fluggeschwindigkeit von etwa 19 Kilometern pro Sekunde drang dieser Asteroid in einem sehr flachen Winkel in die Erdatmosphäre ein und zerbrach in einer Höhe von ungefähr 50 Kilometern, also am Rande der Stratosphäre. Keine dreißig Sekunden später – in einer Höhe von nunmehr 30 km (ebenfalls Stratosphäre) – explodierte der rasende Himmelskörper vollständig. Der Großteil des Meteoriten verdampfte während der Explosion, einzelne Bruchstücke stürzten in den nahe der Stadt gelegenen Tschebarkulsee.

Es wird von etwa 1 500 Verletzten und glücklicherweise keinen Toten berichtet. Dabei waren die häufigsten Verletzungen Schnittwunden, die durch herumfliegende Glassplitter verursacht wurden, andere Personen erlitten Knochenbrüche oder Gehirnerschütterungen. Ein paar Wenige mussten über das Wochenende im Krankenhaus versorgt werden. Außerdem führte die Explosion zu Schäden an etwa 7 000 Gebäuden, so das russische Katastrophenschutzministerium in Moskau.

Aufgabe 2

Beschreibe den Asteroiden mit eigenen Worten.

____

____

____

Aufgabe 3

Beschreibe den Ablauf des Einschlags.

____

____

____

Aufgabe 4

Nenne die Folgen des Einschlags.

____

____

____

Station 3

Name: ______

Meteoritensuche

Aufgabe 1

Finde die Meteoriteneinschläge. Benutze dafür den Computer und das Programm „Google Earth". Miss dann jeweils die Durchmesser der Einschläge.
Tipp: Du kannst die Koordinaten direkt im Suchfeld des Programms eingeben.

Koordinate	Land	Durchmesser (in km)
N 35°01'36 W 111°01'23		
N 6°30'12 W 1°24'40		
N 67°29'05 O 172°05'16		
S 27°45'58 O 16°17'16		
S 25°24'31 O 28°04'57		
S 32°00'16 O 135°25'44		
N 26°05'14 O 4°23'42		

Aufgabe 2

Nenne das Hauptmerkmal der Einschlagskrater.

______

______

______

______

______

Nördlinger Ries

Name: ______________________

Aufgabe 1

Lies den Text aufmerksam durch.

Meteoriteneinschlag in Süddeutschland

Vor etwa 15 Millionen Jahren ereignete sich im heutigen Süddeutschland ein einzigartiges und landschaftsprägendes Naturschauspiel. Ein Meteoriteneinschlag formte das heutige „Nördlinger Ries". Wie konnte diese ringförmige Struktur entstehen? Nur wenige Sekunden brauchte der Asteroid mit einem Durchmesser von 1 500 m, um mit einer Geschwindigkeit von 72 000 km/h die Erdatmosphäre zu durchqueren. Sekundenbruchteile vor dem Aufprall wurde die Luft zwischen Asteroid und Erdoberfläche zusammengepresst und stark erhitzt. Erdboden, Sand und Geröll verdampften schlagartig und wurden seitlich unter dem Asteroiden weggeschleudert. Das am weitesten weg geschleuderte Oberflächenmaterial findet man heute noch in Form von Glastropfen, sogenannten Moldaviten, im heutigen Tschechien etwa 450 km entfernt. Beim Auftreffen wirkten so große Stauchungskräfte, dass der Asteroid auf die Hälfte seines Volumens komprimiert, also zusammengepresst, wurde. Durch den ungeheuren Druck und Temperaturen von bis zu 30 000 °C verdampfte der Asteroid allerdings auch fast zeitgleich. Im Anschluss daran federte das eingedrückte Gestein zurück, sodass sich im Zentrum des Kraterbodens ein Zentralberg bildete. Trümmer aus dem Inneren des Kraters wurden herausgeschleudert. Die Wucht der Explosion war mit der von 100 000 Hiroshima-Bomben vergleichbar und hinterließ einen Krater von 8 km Durchmesser und 4 km Tiefe. Dieser tiefe Krater war allerdings nicht stabil, und so rutschten an seinem Rand immer wieder Gesteinsschollen ins Kraterzentrum. Der Krater wuchs dadurch auf seinen heutigen Durchmesser von etwa 24 km an. Berechnungen ergaben, dass der Aufschlag auf der ganzen Erde zu hören gewesen sein muss.

Aufgabe 2

Beschreibe die Entstehung eines Meteoritenkraters. Gehe dabei auch auf die Entwicklung nach dem Aufschlag ein.

____

____

____

____

____

____

____

____

____

____

____

Station 5

Himmelskörper-Rätsel

Name: ______________________

Aufgabe

Finde die neun Begriffe rund um die Himmelskörper und kreise sie ein. Die Begriffe können waagrecht, senkrecht und diagonal stehen.

X	U	K	O	M	E	T	E	N	S	C	H	W	E	I	F
E	W	R	R	O	P	A	S	G	O	B	M	Y	I	L	Q
F	T	U	R	A	D	H	J	Ö	N	B	M	R	S	O	C
M	L	P	Ä	S	T	T	F	G	N	M	O	T	F	S	B
U	M	K	K	T	Ö	E	D	V	E	X	N	O	Z	R	W
O	E	I	S	E	N	B	R	Z	N	S	C	A	S	T	Z
Q	T	U	C	R	J	K	A	P	W	F	T	O	W	M	U
L	E	Ä	Q	O	G	T	K	A	I	L	W	E	N	Y	M
D	O	F	G	I	J	W	L	Ü	N	V	N	C	I	T	R
M	R	E	Z	D	N	Ö	A	S	D	N	T	E	J	N	V
N	I	O	Y	U	L	R	M	S	P	Q	U	R	M	F	H
S	T	E	R	N	S	C	H	N	U	P	P	E	B	K	A
N	T	E	W	L	Ü	S	Ä	X	U	V	B	T	L	N	R

Gefahr aus dem All

Name: ______________________

Wasserkreislauf

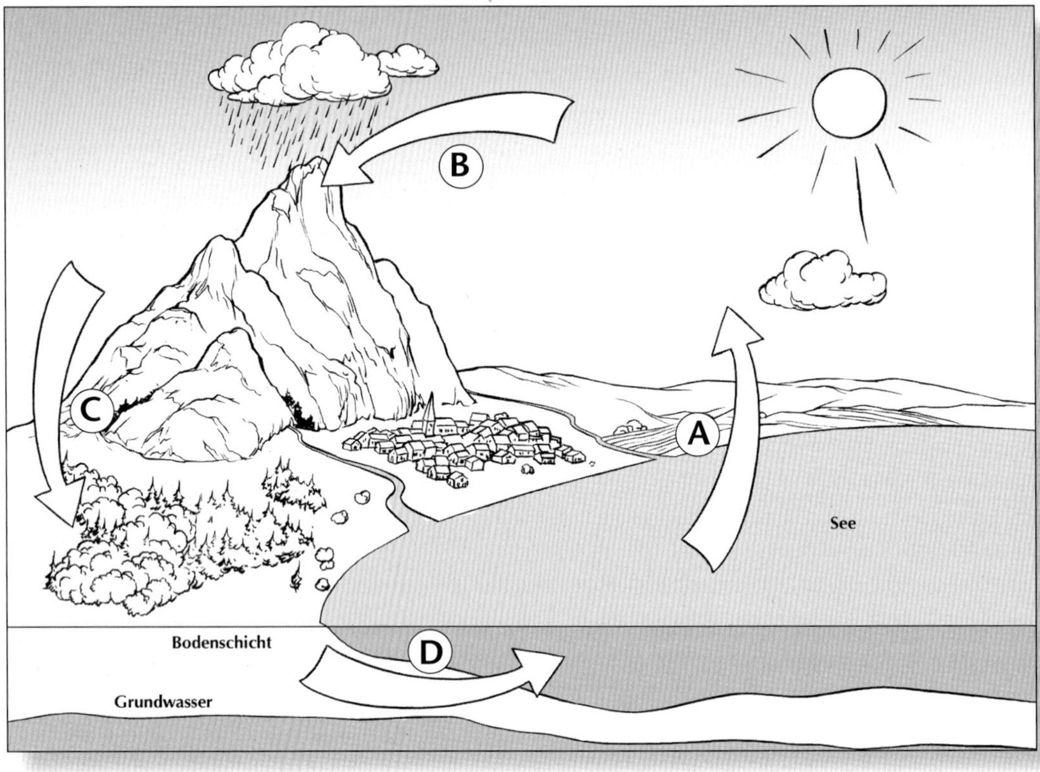

Aufgabe

Beschreibe den Wasserkreislauf an den Stationen A bis D.

A: ____

____

____

B: ____

____

____

C: ____

____

____

D: ____

____

____

Die Gezeiten

Name: ____________________

Aufgabe 1

Ergänze im Text die fehlenden Wörter aus dem Kasten.

Anziehungskraft – außen – Ebbe – Fliehkraft – Flut – Flutberge – Gezeiten Niedrigwasser – Rotation – steigen – Wasser

Unsere Erde besteht zu fast 75 Prozent aus ________________. Dieses ist rund um den Erdball verteilt. Allerdings entsteht durch die ________________ der Erde eine ________________________. Ähnlich wie bei einem Karussell wird das Wasser auf der Erde nach ________________ gedrückt. Der Mond hat außerdem eine große ________________________. Diese beiden Kräfte sorgen dafür, dass sich auf der Erde zwei ________________ bilden. Zweimal täglich steigt und sinkt das Wasser in Folge dieser Kräfte. Das Steigen des Wassers wird als ________________ bezeichnet. Das Sinken nennt man ________________. Ist der tiefste Stand, das ______________________, erreicht, beginnt der Wasserstand wieder zu ________________. Dieser Vorgang dauert etwa sechs Stunden. Das Heben und Senken des Wasserspiegels infolge physikalischer Kräfte nennt man ________________.

Aufgabe 2

Markiere mit Pfeilen die Kräfte, die auf das Wasser der Erde wirken.

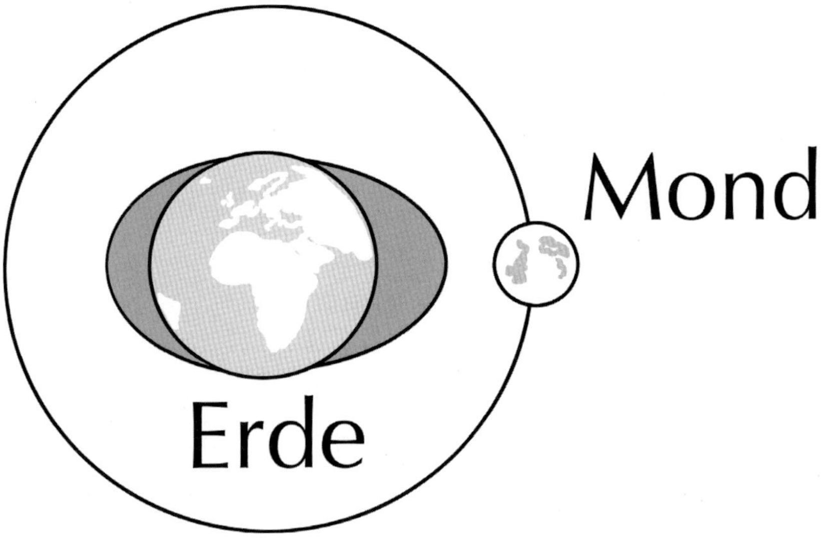

Station 3

Phänomen Tsunami

Name: ______________________

Aufgabe 1

Lies den Text aufmerksam durch.

Das Wort Tsunami kommt aus dem Japanischen und bedeutet „große Welle im Hafen". Manchmal fanden japanische Fischer den heimischen Hafen von einer Welle zerstört vor, obwohl auf offener See kein Sturm geherrscht hatte. Aber wie kam es dazu? Vereinfacht gesagt sind Tsunamis Wellen, die durch ein geologisches Ereignis, meist ein Seebeben, entstehen und beim Auftreffen auf das Festland hohe Wellenberge entwickeln.
Bei normalen Wellen ist der Wind der Motor. Er versetzt das Wasser in die Schwingungen des Seegangs und bewegt die Wasserschicht der Oberfläche. Tsunamis dagegen behalten ihre Energie den ganzen Weg bis zur Küste in der Wassertiefe. Deshalb kann man in einem Boot auf dem offenen Meer von dieser Bewegung allenfalls ein Schaukeln mitbekommen. Meist geht ein Seebeben, Erdrutsch oder Vulkanausbruch voraus, was eine senkrechte Erdbewegung bewirkt. Daraufhin entsteht eine Wellenbewegung über dem Meeresgrund und breitet sich kreisförmig aus. Beim Eintreffen an der Küste, die immer flacher wird, baut sich die Welle zu ihrer zerstörerischen Größe von bis zu 65 Metern auf. Oftmals geht dem zuerst ein Absenken des Meeresspiegels voraus – für Neugierige kann das zur tödlichen Falle werden.

Aufgabe 2

Erkläre das Phänomen Tsunami.

____

____

____

____

____

Aufgabe 3

Zeichne die Wellenberge eines Tsunamis in die Grafik ein.

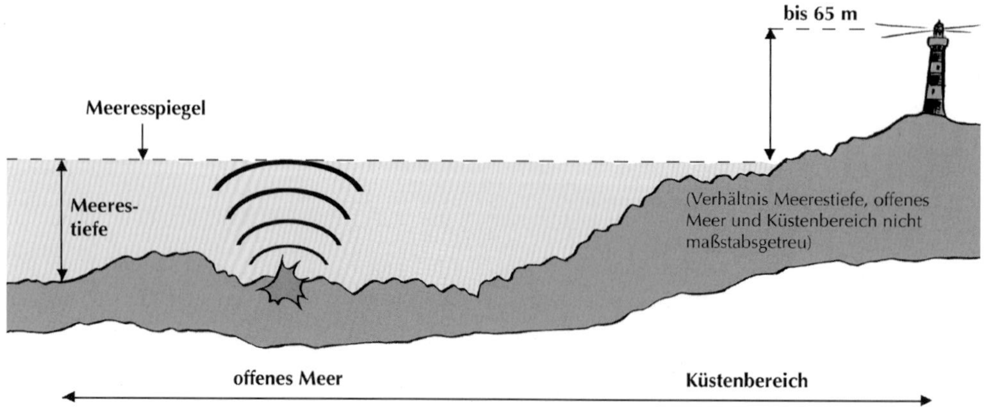

Station 4

Folgen des Monsuns

Name: ______________________

Aufgabe 1

Lies den Text aufmerksam durch.

Mit dem Monsun kam das Wasser

Das Jahr 2012 ist wieder einmal ein Schicksalsjahr für das Land Pakistan. Bis Mitte September hatte die Meteorologische Abteilung der Katastrophenschutzbehörde schwere Regenfälle vorausgesagt. Große Teile des Landes sind nun von heftigen Monsunregen betroffen. Mittlerweile gehen die Behörden von 180 getöteten Menschen aus. Eine Zahl, die klein erscheint angesichts der etwa 1,3 Millionen betroffenen Menschen im Flutgebiet. Diese blicken auf ungefähr 31 400 vollkommen zerstörte Häuser und auf weitere 20 000 schwer beschädigte. Die pakistanische Regierung hat 540 Camps errichten lassen, in die sich Flutopfer flüchten können. Andere, die nicht in Camps ausweichen konnten, haben sich in höher gelegene Gebiete begeben. Auch die Caritas ist bereits vor Ort und verteilt das Allernotwendigste an die Betroffenen: Hygieneartikel, Medizin, Zelte und Notunterkünfte.

Dies kann aber nur der erste Schritt sein, denn eine wirksame Katastrophenhilfe braucht Zeit. Natürlich geht es in erster Linie darum, Menschenleben zu retten und Überlebende schnellstmöglich zu versorgen. Aber Flutopfer verlieren in der Regel ihre komplette Existenzgrundlage. Daher müssen Regierung und Hilfsorganisationen dafür sorgen, dass die Menschen Lebensmittel, sauberes Trinkwasser und medizinische Versorgung bekommen. Erst dann, wenn die größte Not überwunden ist, kann mit der Anstrengung begonnen werden, Häuser, Dörfer, Schulen und vor allem Verkehrswege und Infrastrukturen wieder aufzubauen.

Dabei muss es das Ziel sein, gegen künftige Katastrophen besser gewappnet zu sein.

Aufgabe 2

Liste in Stichworten auf, welche Hilfen notwendig sind.

Hilfe für	
… die Menschen	… das Land / die betroffene Region

Hochwasser

Name:

Aufgabe 1

Lies den Text aufmerksam durch.

Der Meeresspiegel steigt an

In den Niederlanden übt man bereits den Notfall. Überschwemmungen durch künftige Sturmfluten würden dazu führen, dass etwa ein Drittel des Landes unter Wasser stehen würde. Die gesamte Nord- und Westküste sowie die tiefen Ebenen des großen Rheindeltas, wo zwei Drittel der 17 Millionen Einwohner leben, würden in den Wassermassen versinken. Bei der schlimmsten anzunehmenden Überflutung müssten die betroffenen Menschen schnellstmöglich aus diesen Gebieten herausgeholt werden. Da man gelernt hat, dass das Wasser manchmal sehr schnell kommen kann, möchte man sichergehen, dass die Menschen im Falle einer Evakuierung nicht in die falsche Richtung geschickt werden.

Um von solch einer Katastrophe nicht völlig überrascht zu werden, wurden schätzungsweise 15 Millionen Euro aufgewendet, um eine möglichst realistische Großübung abzuhalten. Soldaten und Rettungskräfte üben dabei mit zahlreichen Statisten die Evakuierung von Altenheimen; in Planspielen werden die betroffenen Anwohner über sichere Verkehrswege in höher gelegene Gebiete im Osten des Landes verlegt.

Aufgabe 2

Nenne die Gebiete in den Niederlanden, die besonders überschwemmungsgefährdet sind.

Aufgabe 3

Erläutere die Maßnahmen der Niederländer im Zusammenhang mit dem Meeresspiegelanstieg.

Leben mit dem Wasser

Name: ______________________

Aufgabe 1

Lies den Text aufmerksam durch.

Schwimmende Häuser

„Allen Völkern hat Gott ein Land gegeben, den Holländern aber wies er ein Land zu, das sie sich selbst erst schaffen mussten." Dieses Sprichwort beschreibt sehr gut den Einfallsreichtum der Niederländer, um mit ihrer ständigen Bedrohung durch das Wasser umzugehen. Mehr als ein Viertel des Landes liegt unter dem Meeresspiegel. Die stetige Hochwassergefahr ruft immer wieder den Erfindungsgeist von Architekten und Bauingenieuren hervor.

Eine kreative Wohnform

[...] Während Deutschland in der Entwicklung neuer Wohntypen eher konservativ ist, sind die Niederlande Trendsetter. Sie zeigen sich kreativ, indem sie technische Möglichkeiten ausloten und neue Wohnformen ausprobieren. Beispiel ist Maasbommel bei Arnheim, eine Art Mustersiedlung für schwimmende Häuser. Der Plan für diese Siedlung entstand, als 1995 die Flüsse Vaal und Maas über die Ufer traten und 65 000 Menschen ihre überschwemmten Dörfer verlassen mussten. Als kostspielige Konsequenz könnte man die Deiche, die vor Überflutungen schützen sollen, noch höher bauen. Doch findige Architekten hatten eine ganz andere Idee: Warum nicht eine Siedlung bauen, die auch einem Hochwasser trotzen kann? Und so entstanden mehr als 40 Häuser, die statt unter dem Meeresspiegel direkt auf dem Meeresspiegel gebaut wurden. Floating Homes wie die in Maasbommel oder in einer anderen Siedlung in Leeuwarden stehen entweder auf festem Boden und schwimmen, wenn das Hochwasser kommt, oder sie sind bereits auf der Seeseite eines Deichs gebaut und liegen auf dem Wasser.

Wohnkonzept der Zukunft?

Entscheidend ist der Schwimmkörper, der das Haus tragen muss. In den Häusern von Maasbommel besteht der Schwimmkörper aus einer wasserdichten Betonwanne, die innen hohl ist. Auf dieser Betonwanne wurden dann in Leichtbauweise zwei Geschosse errichtet. Bei Niedrigwasser ruht das Haus auf dem Fundament. Steigt der Meeresspiegel an, gleitet das gesamte Haus an zwei Stahlpfeilern bis zu 5,5 Meter hoch. Alle Leitungen des Hauses sind für diesen Höhenunterschied ausgelegt, sie „wachsen" praktisch mit. Eine weitere Möglichkeit, Häuser schwimmfähig zu machen, sind Fundamente aus Styropor. Dabei werden mehrere Lagen dieses leichten Baustoffs übereinander geschichtet und die Hohlräume anschließend mit Spezialbeton ausgegossen. Das Fundament kann so immer noch auf dem Wasser schwimmen. Der große Vorteil dieser Fundamentart besteht darin, dass die Blöcke vorgegossen werden können und beim Bau beliebig zurecht zu sägen sind.

[...] Und es soll noch größer werden: In der Nähe des Amsterdamer Flughafens Schiphol könnte einmal eine ganze schwimmende Stadt mit Schulen, Supermärkten und 12 000 Wohnungen entstehen.
Manche Vordenker träumen sogar von einem holländischen Venedig auf dem Ijsselmeer.

Aufgabe 2

Erkläre den Aufbau eines schwimmenden Hauses. Schreibe auf ein eigenes Blatt.

Aufgabe 3

Gib an, warum in den Niederlanden der Bau von „Floating Homes" erprobt wird.

Name: ____________________

Wasser-Rätsel

Aufgabe

Löse das Kreuzworträtsel und finde das Lösungswort. (Ä=AE, Ö=OE, Ü=UE)

Waagerecht

1 Wasser ... bei 100 °C.

2 Wasser im gefrorenen Zustand

3 Unterirdischer Wasservorrat

4 Davor müssen sich Menschen an Flüssen schützen.

5 Bilden sich am Himmel

6 Ursprungsort eines Flusses

Senkrecht

7 Diesen Zustand hat Wasserdampf.

8 Flutwelle, die ganze Küsten zerstört

9 Bringt Flüsse meist im Frühjahr zum Überschwemmen

10 Niederschlag im Winter

11 So nennt man Ebbe und Flut mit einem Wort.

Lösungswort:

1	2	3	4	5	6	7	8	9	10	11	12	13	14	15

Station 1

Lawinenformen

Name: ______________________

Aufgabe

Schneide die Bilder und Texte aus und klebe sie zueinander passend auf ein Blatt.

Dachlawine
Sie ist die kleinste der Lawinen und geht von Hausdächern ab, wenn die Schneelast zu groß wird. Dabei richtet sie kaum Schaden an.

Lockerschneelawine
Diese Lawine entsteht meist an sehr steilen Hängen. Ihr geht ein punktueller Anriss der Schneedecke voraus, beim Rutschen ins Tal schwillt sie aufgrund der Kettenreaktion immer weiter an.

Schneebrettlawine
Bei der Schneebrettlawine reißt linienförmig ein Teil der Schneedecke quer zum Hang ein. Dieser zusammenhängende Teil gleitet auf den unteren Schneeschichten ins Tal. Sie ist für Wintersportler und Bergsteiger die gefährlichste Lawinenform.

Staublawine
Bei einer Staublawine stürzen große Mengen Schnee den Berg hinab und es kommt zu Schneeverwirbelungen. Dabei entstehen Luftdruckschwankungen, die einem Sturm ähnlich sind. Staublawinen können deshalb große Schäden anrichten.

Station 2

Name: ______________________

Lawinenschutz

1 Stahlschneebrücken

2 Lawinengalerie

3 Pistensperrung

Aufgabe 1

Beschreibe die abgebildeten Maßnahmen zum Lawinenschutz und ihre Wirkung.

1 ____

____

____

____

____

2 ____

____

____

____

____

3 ____

____

____

____

____

Aufgabe 2

Informiere dich im Internet, wie und zu welchem Zweck eine Lawinensprengung als Schutzmaßnahme unternommen wird. Erkläre das Vorgehen auf einem eigenem Blatt.

Schäden durch Lawinen

Name:

Aufgabe 1

Lies den Text aufmerksam durch.

Galtür, ein Ort im österreichischen Tirol mit einem beliebten Skigebiet, wurde am 23. Februar 1999 nach starken Schneefällen durch eine Lawine zerstört. Die Lawine forderte 31 Menschenleben und schnitt den Ort tagelang von der Außenwelt ab.

Bericht eines Augenzeugen

Wie jedes Jahr fuhren wir in den Winterurlaub nach Galtür. Der Ort gefällt uns deshalb so gut, weil er auf 1600 Meter Höhe immer schneesicher ist und außerdem in der schönen Bergwelt Tirols liegt. Allerdings sollte der 23. Februar 1999 zu einem tragischen Tag werden, bei dem die Idylle des Ortes zerstört wurde. An der Bergflanke nördlich über dem Ort ging eine gewaltige Lawine ab. Mit riesiger Geschwindigkeit raste die Lawine auf einer Breite von 400 Metern auf den Ort zu. Zum Glück hatten wir uns gemeinsam mit vielen anderen Wintersportbegeisterten zu einer Freiluftveranstaltung im Dorfzentrum eingefunden, das lawinensicher ist. Zu spüren bekamen wir aber alle die ungeheure Druckwelle der Lawine, die eine Spur der Verwüstung hinterließ. 27 Häuser wurden schwer beschädigt, sieben davon sogar völlig zerstört. Autos waren zerquetscht, und man hörte die Hilferufe von verschütteten Menschen. Es ist unfassbar, was für Zerstörungen die Natur innerhalb von zwei Minuten anrichten kann.

Aufgabe 2

Nenne die Zerstörungen und Folgen der Lawinenkatastrophe.

Name: ______________________

Pro und Kontra „Skipiste"

Bei einer Bürgerversammlung zum Thema „Eine Skipiste für Mückenbach" ist auch ein Reporter anwesend, der die folgenden Meinungen zum Thema eingefangen hat.

Aufgabe 1

Lies die Standpunkte der Gesprächspartner aufmerksam durch.

pro/kontra Skigebiet

Bürgermeister: „Unser Dorf braucht eine neue Einnahmequelle. Da ist die Ausweisung eines Skigebietes mehr als notwendig. Es würden auch im Winter Touristen kommen, die ihr Geld bei uns lassen.Außerdem würden wir durch Gastronomie, Hotels und die Skipiste neue Arbeitsplätze schaffen."

pro/kontra Skigebiet

Vertreter des nationalen Skiverbandes: „Wir sind immer daran interessiert, Wintersportbegeisterten neue Möglichkeiten der Ausübung ihres Sports zu bieten und würden – auch finanziell – unsere Unterstützung bei diesem Projekt zusagen. Allerdings müssen wir zu 100% überzeugt sein, dass alle Beteiligten mitmachen, sonst suchen wir uns einen anderen Standort."

pro/kontra Skigebiet

Naturschützer: „Das neue Skigebiet würde unseren natürlichen Schutzwald vor Lawinen zerstören. Außerdem leben hier seltene Tier- und Pflanzenarten, die dann für immer verschwinden würden. Die Natur muss unberührt bleiben."

pro/kontra Skigebiet

Anwohnerin 1: „Mein Name ist Müller und ich habe hier im Ort ein Haus mit Ferienwohnung. Ich würde das Skigebiet begrüßen, da ich dann auch im Winter meine Ferienwohnung vermieten könnte und dadurch Mehreinnahmen hätte."

pro/kontra Skigebiet

Anwohner 2: „Unsere Touristen kommen doch gerade wegen der unberührten Natur. Sie suchen hier Erholung und Frieden. Wenn das Skigebiet kommen würde, würden wir diese Touristen verlieren. Außerdem frage ich mich, wer das Ganze bezahlen soll."

Aufgabe 2

Unterstreiche bei jeder Aussage, ob sie für oder gegen das Skigebiet ist.

Aufgabe 3

Welchen Standpunkt würdest du einnehmen und warum? Begründe deine Antwort auf einem eigenen Blatt.

Station 5

Lawinen-Rätsel

Name: ______________________

Aufgabe

Finde die zehn Begriffe rund um das Thema Lawinen und kreise sie ein. Die Begriffe können waagrecht, senkrecht und diagonal stehen.

A	S	H	E	L	I	K	O	P	T	E	R	J	O	L
N	J	O	P	Ä	A	D	R	E	Z	M	E	S	B	N
B	O	Ä	S	Z	I	W	E	M	C	F	T	U	M	Y
U	L	E	B	S	S	K	I	P	I	S	T	E	M	I
F	O	T	M	S	B	R	Ö	N	A	S	U	K	B	M
C	N	Q	T	E	L	K	Z	S	E	L	N	B	Y	T
N	S	R	I	K	A	D	L	P	Ö	R	G	B	X	I
N	O	C	F	R	W	Z	N	Ü	T	V	S	E	N	C
G	M	E	H	J	I	U	G	H	E	Z	S	B	U	V
N	U	E	R	N	N	M	P	R	Q	I	C	R	M	T
D	H	A	R	K	E	T	M	H	E	V	H	Ü	D	V
B	L	A	W	I	N	E	N	U	N	G	L	Ü	C	K
M	U	R	T	S	O	B	R	N	M	E	I	K	J	L
F	O	J	T	Y	P	M	O	D	Q	L	T	C	G	E
H	A	S	K	I	F	A	H	R	E	R	T	D	I	B
G	H	T	I	M	E	T	R	B	S	Q	E	H	P	Ä
W	I	N	T	E	R	S	P	O	R	T	N	N	Ö	R

Lawinen

Name: ____________________

Desertifikation

Aufgabe 1

Lies den Text aufmerksam durch.

Man spricht von Desertifikation, wenn in Gebieten mit relativ trockenem Klima die natürlichen Ressourcen infolge einer zu intensiven Nutzung durch den Menschen beeinträchtigt oder zerstört werden. Dabei können wüstenähnliche Verhältnisse dadurch entstehen, dass die Vegetation in diesen Gebieten zurückgeht, Wasser knapp wird und die Böden erodieren, versalzen oder versanden. Der Sand wird dann vom Wind verfrachtet und zerstört ganze Infrastrukturen. Das Land wird in der Folge unfruchtbar und verödet. Hungersnöte, Armut und Flucht der Menschen aus den betroffenen Gebieten sind häufig die Folgen. Besonders sind die Menschen in Entwicklungsländern, beispielsweise in Afrika oder Asien, betroffen.
Es gibt für das Ausbreiten von Wüsten mehrere Gründe, der Hauptverursacher ist aber der Mensch durch Überweidung, Abholzung und falsche Bewässerungsmethoden, z. B. bei Verwendung von Wasser mit zu hohem Salzgehalt. Diese Faktoren begünstigen das Voranschreiten der Desertifikation. Aber auch klimatische Bedingungen spielen eine große Rolle. In Dürreperioden, sehr trockenen Jahren mit geringen Niederschlagsmengen, verstärkt sich die Desertifikation.

Aufgabe 2

Erkläre mit eigenen Worten, was Desertifikation bedeutet.

____

____

____

____

____

____

Aufgabe 3

Nenne drei Gründe für die Desertifikation.

1. ____

2. ____

3. ____

Name: ____________________

Desertifikation

Aufgabe 4

Erstelle eine Mind-Map zur Desertifikation. Beachte dabei die Ursachen und Folgen.

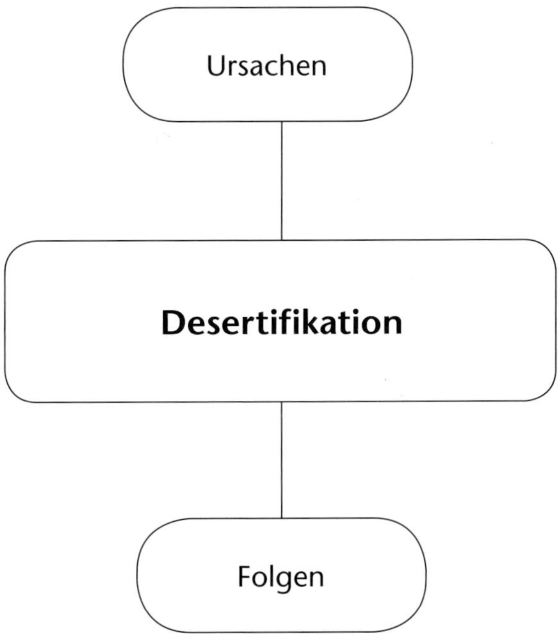

Station 2

Wüstenregionen der Erde

Name: ______________________

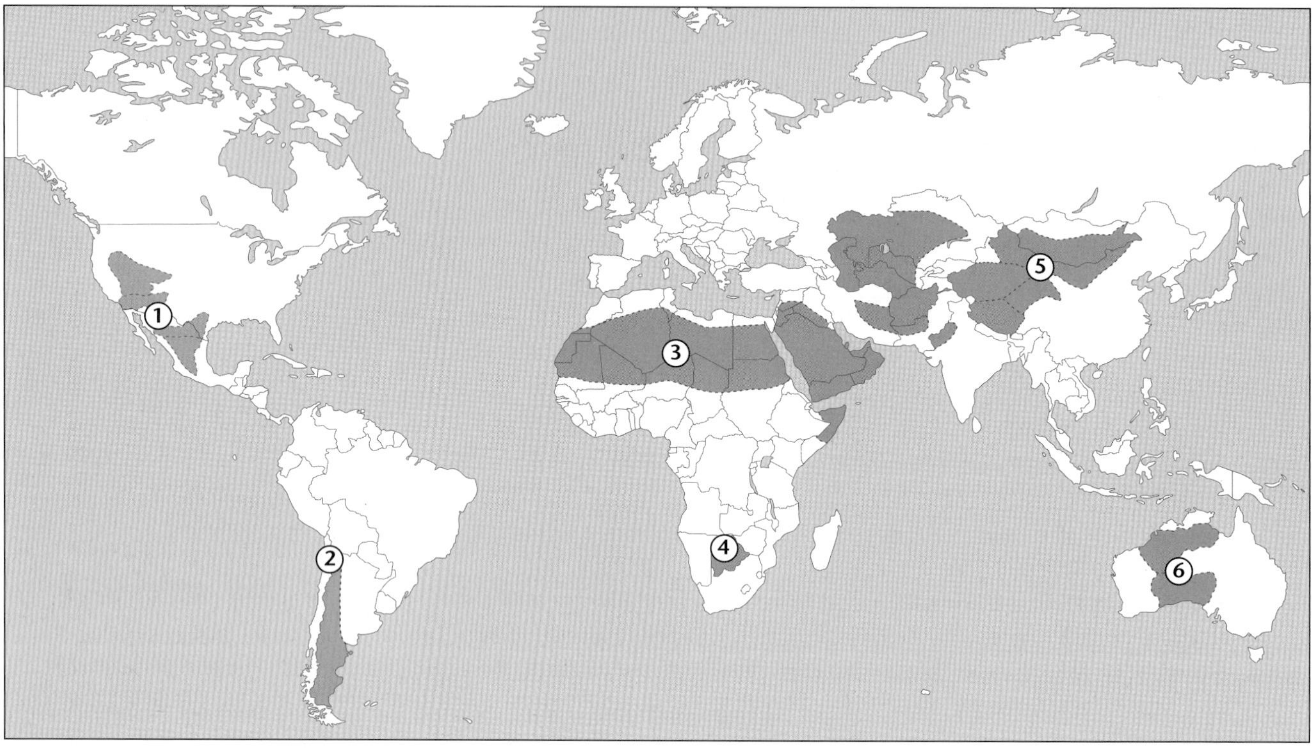

Aufgabe

Arbeite mit dem Atlas.

a) Benenne die eingezeichneten Wüsten.

1 ____________ **2** ____________ **3** ____________

4 ____________ **5** ____________ **6** ____________

b) Nenne die Länder Afrikas, die Anteil an der Sahara haben.

____

____

____

____

c) Nenne die Länder Asiens, die Anteil an der Wüste Gobi haben.

____

____

Sommer 2003

Name: ______________________

Aufgabe 1

Lies den Text aufmerksam durch.

Der Sommer 2003 – Eine Jahrhundertkatastrophe?

„Wann wird's mal wieder richtig Sommer?", sang einst Rudi Carrell. Im Sommer 2003 war es so weit: Er sollte sich zu einem Rekordsommer entwickeln, allerdings auch zu einer großen Gefahr werden. Am Oberrhein in Freiburg wurden von den Meteorologen an 53 Tagen Temperaturen weit über 30 Grad gemessen. Aber das sollte nicht genug sein, kletterte doch das Thermometer sogar auf Werte jenseits der 40-Grad-Marke. Die Menschen in Deutschland waren von dem Hochdruckgebiet „Michaela" begeistert und feierten ihren Jahrhundertsommer.
Die traurige Wahrheit kam aber erst in einer später veröffentlichten Studie ans Licht. Demnach soll die Rekordhitze in Westeuropa etwa 70 000 Menschen das Leben gekostet haben. In Deutschland allein waren es 7 000 Menschen, die der Hitze zum Opfer fielen. Und somit wurde aus dem Rekordsommer eine der verheerendsten Naturkatastrophen in der Geschichte Europas.
Frankreich traf es dabei am Härtesten. Allein auf den Straßen von Paris brachen 40 Menschen am hellichten Tag leblos zusammen. Auch die Kliniken waren hoffnungslos überlaufen, es mangelte an Krankenbetten, und die meisten Patienten konnten auf den Gängen nur notdürftig versorgt werden. Schätzungen zufolge ergaben sich im Sommer 2003 materielle Schäden in Höhe von mehr als zehn Milliarden Euro. Flüsse trockneten aus, Fische starben, Wälder brannten lichterloh, und auf den Feldern verdörrten Mais und Getreide. Selbst die großen Flüsse Rhein, Elbe und Donau führten so wenig Wasser, dass die Schifffahrt aus Sicherheitsgründen eingestellt werden musste. Die Rekordtiefe des Rheins bei Düsseldorf lag bei 74 Zentimeter, und die anhaltende Dürre riss tiefe Gräben in den Boden. Europa war auf dem Weg zu vertrocknen.
Solche Temperaturen über mehrere Wochen hinweg verdanken wir einer Konstellation, die man „Omega-Wetterlage" nennt. Dabei entsteht ein Hochdruckgebiet über Mitteleuropa, welches durch zwei Tiefdruckgebiete – im Westen und Osten davon – flankiert wird. Die Luftströmungen fließen dann in der Form des griechischen Buchstaben Omega (Ω) über Europa hinweg und bringen im Winter sehr tiefe, im Sommer sehr hohe Temperaturen.

Aufgabe 2

Beschreibe die Folgen einer Hitzeperiode, wie sie 2003 vorkam.

____

____

Aufgabe 3

Erkläre, wie es zu einer lang andauernden trocken-heißen Witterung über Europa kommen kann.

____

____

____

Station 4

Dürrekatastrophe in den USA 2012

Name: ____________________

Aufgabe 1

Lies den Text aufmerksam durch.

Der Staub ist wieder da

Der Juli 2012 sollte zu einem der heißesten Monate seit Beginn der Wetteraufzeichnungen werden und zugleich auch der trockenste, denn die Niederschläge waren seit Mai auf einem historischen Tiefststand angelangt, erklärte die US-amerikanische Wetterbehörde.

In der Mitte der 1930er Jahre gab es schon einmal eine ähnliche Wetterlage. Damals wurde die vertrocknete Erde von starken Winden aufgewirbelt, und Staubstürme tobten über den südlichen Great Plains. Die einst grüne Prärielandschaft wurde in kürzester Zeit in eine trostlose Wüste verwandelt und erhielt den Namen „Dust Bowl". Die unbewohnbare Fläche war fast doppelt so groß wie Deutschland.

Was die Farmer damals nicht wussten: Durch den riesigen Anbau von Weizen in Monokulturen – Getreide ist seit jeher ein weltweit begehrtes Produkt – fing der Boden an zu erodieren. Die Mähdrescher, die die weiten Flächen schnell und effektiv bearbeiten können, taten ihr Übriges dazu. Zudem herrscht in der Prärie ein durchweg arides (trocken, dürr) Klima. Das ließ den Boden weiter austrocknen, sodass in besonders wasserarmen Sommern das Erdreich regelrecht zu Staub zerfiel.

Als Gegenmaßnahme ließ die Regierung in Washington 200 Millionen Bäume pflanzen, die verbleibenden Farmer mussten Hecken um ihre Felder anlegen. Außerdem wurde das System der Fruchtfolge eingeführt.

Heute ist davon aber nicht mehr viel zu sehen. Die Bauern gehen sehr nachlässig mit der Erfahrung aus den Dreißigerjahren um. Umweltaktivisten kritisieren bereits die Nivellierung der Terrassen und das Entfernen der Hecken. Diese müssen nämlich den riesigen Soja- und Maisfeldern Platz machen, zumal Biosprit aus Mais massiv von der US-Regierung gefördert wird. Nun prägen wieder Monokulturen das Bild der Great Plains.

Es existieren aber auch noch weitere Folgen. Mais, Soja und Weizen müssen in trockenen Gebieten zusätzlich bewässert werden, was dazu führt, dass sich der Grundwasserspiegel bereits bedrohlich gesenkt hat. Die neuesten Klimamodelle prophezeien dem Westen Amerikas sogar eine chronische Dürre.

Aufgabe 2

Liste die im Text genannten Ursachen und Folgen der Dürre auf.

Ursachen: ____________________

____

Folgen: ____________________

____

____

Aufgabe 3

Erstelle ein Schaubild der Ursachen und Folgen auf einem eigenen Blatt.

Station 5

Bekämpfung der Desertifikation

Name:

Aufgabe 1

Lies den Text aufmerksam durch.

Kampf gegen die Desertifikation

Seit 1944 haben sich 193 Länder der Konvention der Vereinten Nationen zur Bekämpfung der Desertifikation (United Nations Convention to Combat Desertification, UNCCD) angeschlossen. Dabei hat sich die Staatengemeinschaft verbindlich verpflichtet, die natürlichen Ressourcen (Boden, Wasser, Vegetation) eines Landes schonend und nachhaltig zu nutzen, um auf diese Weise deren Zerstörung zu vermeiden. Außerdem sollen die Lebensbedingungen der Menschen in den betroffenen Gebieten verbessert oder mindestens erhalten werden. Diese Übereinkunft der Länder dient somit sowohl dem Umweltschutz, als auch einer nachhaltigen Entwicklung der betroffenen Länder, damit diese gegen die allgegenwärtige Armut angehen können.

Die Desertifikation und deren Auswirkungen treffen vor allem Kleinbauern und nomadisch lebende Viehzüchter. Wenn sich die Konvention verstärkt für das nachhaltige Nutzen der natürlichen Ressourcen in diesen Regionen einsetzt, so trägt sie gleichzeitig zur wesentlichen Verbesserung der Lebenssituation dieser Menschen bei. Daher gelten folgende Forderungen:

1. Die ökologischen Umstände sind zu verbessern, damit diese Bevölkerungsgruppen lernen, mit technischen Maßnahmen die Böden vor Erosion zu schützen. Bewässerungsmethoden sind mit angepassten Technologien zu verbinden und gemeinsame Landnutzungspläne zu erstellen.
2. Die wirtschaftliche Situation der Menschen muss verbessert werden. Dies kann man erreichen, indem man den Menschen dabei hilft, ihre Waren und selbst erstellten Produkte außerhalb der Heimatregion zu vermarkten. Außerdem sollte man den Besitz von Grund und Boden rechtlich besser absichern.
3. Die Menschen sind in den politischen Mitgestaltungsprozess einzubinden, damit sie besser an politischen und gesellschaftlichen Entscheidungen teilhaben können.
4. Es ist dafür zu sorgen, dass eine soziale Sicherheit gewährleistet ist, falls diese Menschen von einer Katastrophe oder Krise betroffen sein sollten.

Aufgabe 2

Beschreibe die Aufgabe der UNCCD.

Aufgabe 3

Nenne die Hauptforderungen der UNCCD.

Klimatische Bedingungen der Antarktis

Name: ____________________

Aufgabe 1

Lies den Text aufmerksam durch.

Die Antarktis ist der kälteste Kontinent der Erde. Die tiefste je auf der Erde gemessene Temperatur stammt aus der Antarktis. Am 21. Juli 1983 wurden bei der damals sowjetischen Station Wostok (engl. Vostok) minus 89,2° C gemessen. Die Temperaturen sind in der Arktis regional sehr unterschiedlich.
Auf dem Polarplateau sind die Temperaturen am tiefsten und erreichen im Sommer -40° C im Winter -60° C bis -70° C. An der Küste betragen die Wintertemperaturen -20° C bis -30° C und erreichen im Sommer manchmal die Nullgradgrenze. Auf der Antarktischen Halbinsel werden im Sommer auch Temperaturen über dem Gefrierpunkt festgestellt.
Die Niederschläge sind ebenfalls sehr unterschiedlich, sie fallen aber immer in Form von Schnee. Im Landesinneren werden maximal 200 mm Niederschlag pro Jahr gemessen, in den Küstengebieten fallen 600 mm und auf den vorgelagerten Inseln bis 1 000 mm Jahresniederschlag.
Im Landesinneren werden des Öfteren Windgeschwindigkeiten von über 250 km/h gemessen, die Region Adélieland z. B. verzeichnet 340 Sturmtage im Jahr.

Aufgabe 2

Beschreibe die Ansprüche, die Kleidung für einen Aufenthalt an der Arktis erfüllen muss.

____

____

____

Aufgabe 3

Ordne den Orten die entsprechende Nummer aus der Karte der Antarktis zu.

___ Antarktische Halbinsel
___ Geographischer Südpol
___ Indischer Ozean
___ Königin-Maud-Land
___ Mount Erebus
___ Mount Vinson
___ Weddellmeer
___ Wilkesland
___ Wostok

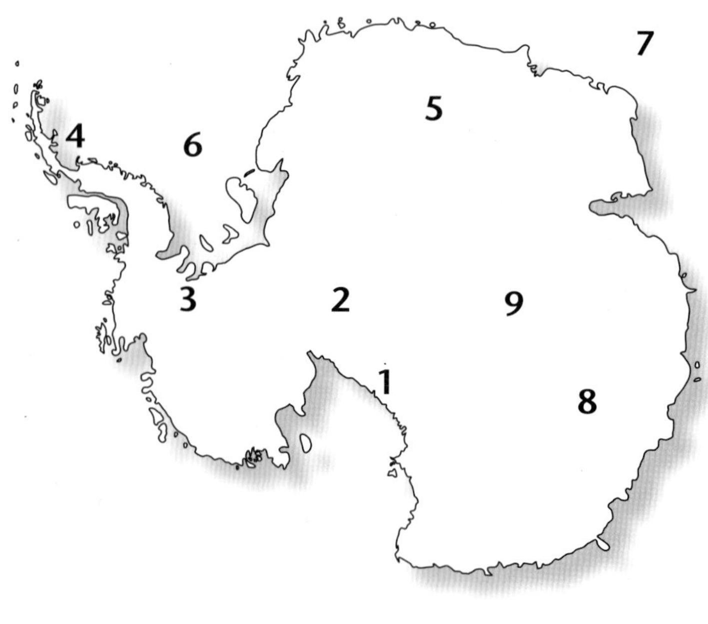

Station 1

Schichtvulkan

Name:

Aufgabe 1

Lies den Text aufmerksam durch.

Schichtvulkane sind aus unterschiedlichen Schichten aufgebaut. Kommt es zu einem explosionsartigen Ausbruch, wechseln sich verschiedene Förderprodukte ab: Mal kommt es zum Ausfließen von Magma, mal werden lockere Stoffe, wie Asche, kleine Steinchen (Lapilli) oder vulkanische Bomben (größere, glühende Gesteinsbrocken), herausgeschleudert. Dabei ist am Ausgang des Schlotes immer ein trichterförmiger Krater vorhanden. Über die Jahrtausende können durch das Ansammeln der verschiedenen Materialien gewaltige Berge entstehen, wie z. B. der Vesuv in Italien oder der Fudschijama in Japan. Ist eine bestimmte Größe des Schichtvulkans erreicht, kann das heraustretende Magma nicht mehr durch den Hauptschlot geschleudert werden: Es bilden sich weiter unten am Hang Nebenkrater mit Nebenschloten. Schichtvulkane finden wir fast überall auf der Erde; sie haben das typische Bild eines Vulkans geprägt.

Abb.: Fudschijama

Aufgabe 2

Trage die Begriffe aus dem Kasten in die Abbildung ein.

Hauptkrater – Schlot – Lava – Spalten – Nebenkrater
vulkanisches Lockermaterial – Magmakammer

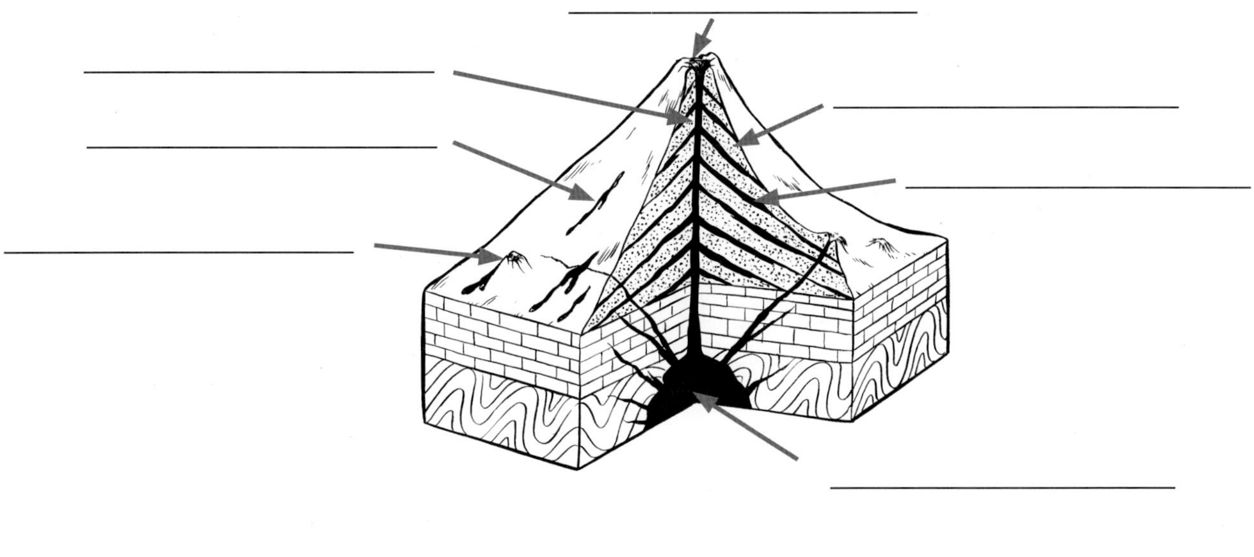

Vulkanismus

Schildvulkan

Name: ______________________

Aufgabe 1

Lies den Text aufmerksam durch.

Schildvulkane sind vor allem in ozeanischen Gebieten zu finden. Hier sind sie an der Neubildung von Meeresboden beteiligt, den sie aus zahlreichen übereinander folgenden Lavaschichten aufbauen. Es gibt aber auch einige wenige Schildvulkane oberhalb des Meeresspiegels, z. B. auf Hawaii und Island.
Das Magma eines Schildvulkans ist sehr dünnflüssig und sehr heiß. Es tritt aber sehr ruhig aus, anders als beim explosionsartigen Ausbruch eines Schichtvulkans. Aufgrund der hohen Temperatur und der Dünnflüssigkeit können die Lavaströme bis zum Abkühlen und Erstarren große Entfernungen zurücklegen. Dies ist der Grund weshalb Schildvulkane oft riesige Ausmaße annehmen und ihre Krater meist ausgedehnte flache Kessel mit steilen Wänden sind.

Abb.: Mauna Loa auf Hawaii

Aufgabe 2

Trage die Begriffe aus dem Kasten in die Abbildung ein.

Hauptkrater – Schlot – Lavaschichten – Magmakammer – Nebenkrater

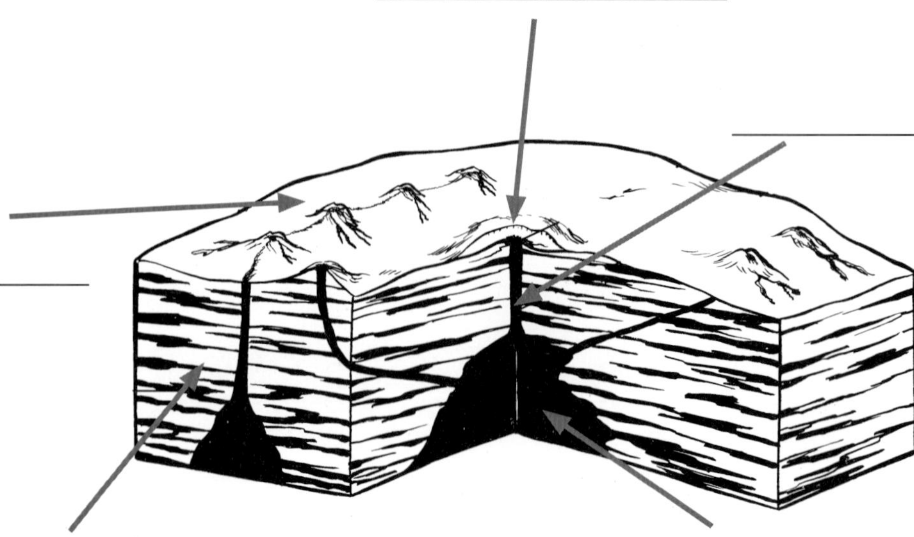

Station 3

Unterschiede zwischen Schicht- und Schildvulkan

Name: ____________________

Aufgabe

Vervollständige die Tabelle mithilfe der Angaben aus Station 1 und 2.

	Schichtvulkan	**Schildvulkan**
Aussehen		
Aufbau		
Form des Kraters		
Ausbruchsverhalten		
Förderprodukte		

Leben am aktiven Vulkan

Name:

Aufgabe 1

Lies den Text aufmerksam durch.

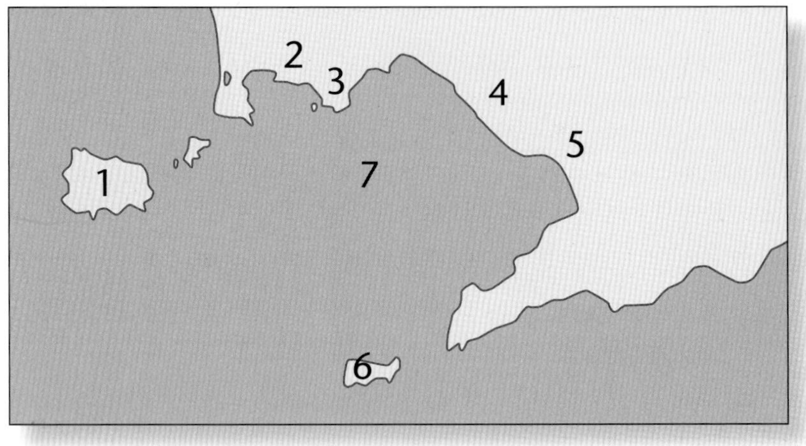

Der Vesuv in Italien ist ein auch heute noch aktiver Vulkan auf dem europäischen Festland. Er liegt am Golf von Neapel und in der italienischen Region Kampanien, in der sich mittlerweile ungefähr vier Millionen Menschen angesiedelt haben. In seiner unmittelbaren Nähe wurden schon vor den Zeiten der Römer Siedlungen gegründet. Heute ist die größte Stadt am nordwestlichen Ausläufer des Vesuvs die Stadt Neapel mit etwa 1,5 Millionen Einwohnern. Den italienischen Behörden ist die ständige Bedrohung bekannt, und daher besteht schon seit Jahren ein Notfallplan. Der Vesuv, der zu einer großen Caldera gehört, verbirgt in seiner unmittelbaren Nähe eine noch größere Gefahr: eine Glutblase unter den Phlegräischen Feldern, die jederzeit oder auch erst in 2 000 Jahren platzen könnte.
Aber warum suchen Menschen die unmittelbare Nähe dieses lebensbedrohenden Naturphänomens „Vulkan"?
Seit jeher gelten vulkanische Asche und Lava als Katalysator, das heißt als Beschleuniger, für die Ansiedlung von Pflanzen auf nährstoffreichen und fruchtbaren Böden. Erstarrte Lavaströme werden schon nach wenigen Jahren von der Vegetation wieder in Besitz genommen und können dann auch für den Menschen nutzbar gemacht werden. So findet man am Vesuv beste Voraussetzungen für den Anbau von Wein und Obst.
Eine weitere „gute Seite" des Vesuvs ist die Tatsache, dass viele Touristen kommen, um einen rauchenden Vulkan aus der Nähe zu sehen. Dies führt dazu, dass Menschen in Restaurants, Hotels oder Souvenirläden Arbeit finden.

Aufgabe 2

Ordne den folgenden Orten die Nummern der Karte zu. Nutze dafür auch deinen Atlas.

___ Capri ___ Golf von Neapel ___ Ischia ___ Neapel

___ Phlegräische Felder ___ Pompeji ___ Vesuv

Aufgabe 3

Begründe, warum der Vesuv eine Gefahr, aber auch ein Gewinn für die Menschen ist.

___

___

___

Station 5

Name: ______________________

Der Ausbruch des Vesuvs

Aufgabe 1

Lies den Text aufmerksam durch.

Der Ausbruch des Vesuvs. Bericht eines Überlebenden.

Es war fast vorauszuahnen, dass so etwas passiert. Vor 17 Jahren, also im Jahre 62, hatte bereits ein heftiges Beben die Stadt erschüttert. Alle mussten sich am anschließenden Wiederaufbau beteiligen. Die öffentlichen Gebäude und Tempel wurden sogar schöner gestaltet, als sie vorher ausgesehen hatten. Ich selbst half damals bei der Instandsetzung des Tempels des Apollons mit. Aber auch unsere öffentlichen Bäder bekamen ein neues Aussehen. Alles in allem glich unsere schöne Stadt Pompeji, jedoch noch einer riesigen Baustelle.
Dann kam der 24. August des Jahres 79. Gegen 10 Uhr wurde die Stadt von heftigen Erdstößen erschüttert, Dächer stürzten ein, und etwas, was ich nie zu träumen gewagt hätte, passierte: In der Ferne konnte man erkennen, wie der Gipfel unseres Vesuvs explodierte und eine riesige schwarze Wolke aus seinem Trichter schoss. Sekunden später prasselte auch schon der Ascheregen auf die Stadt nieder, und man konnte Lava die Talhänge abwärts strömen sehen. In der Stadt brach das Chaos aus, und jeder versuchte, einen schützenden Unterstand zu finden oder ganz aus der Stadt zu flüchten. Überall schrieen die Menschen umher, Kinder riefen nach ihren Müttern. Im Nachhinein berichtete mir mein Schwager aus Herculaneum, dass die Stadt unter einer dicken Schicht aus Schlamm und Lava begraben wurde. In Pompeji dagegen starben die Menschen an den tödlichen Phosphordämpfen, die durch die Straßen waberten. Irgendwie kam ich davon, aber viele meiner Mitbürger hatten weniger Glück und wurden auf offener Straße von umherfliegenden Lavabrocken und Bimssteinen (Lava, die von Wasserdampf und Kohlendioxid aufgeschäumt wird) erschlagen. Mir wurde berichtet, dass sich viele zum Hafen durchgeschlagen hatten und dort ein anderes Schicksal auf sie wartete: Eine riesige Flutwelle rollte über die Fliehenden hinweg und spülte alles mit sich. Es dauerte drei Tage, bis ich die Sonne wieder zu Gesicht bekam. Das Bild, welches sich mir nun bot, werde ich nie vergessen. Pompeji existierte nicht mehr. Es war von einer sechs bis sieben Meter dicken Asche- und Gesteinsschicht begraben.

Aufgabe 2

Liste die Phänomene auf, die mit dem Ausbruch des Vesuvs einhergingen.

____

____

____

____

____

____

____

Station 6

Name: ____________________

Wo gibt es Vulkane?

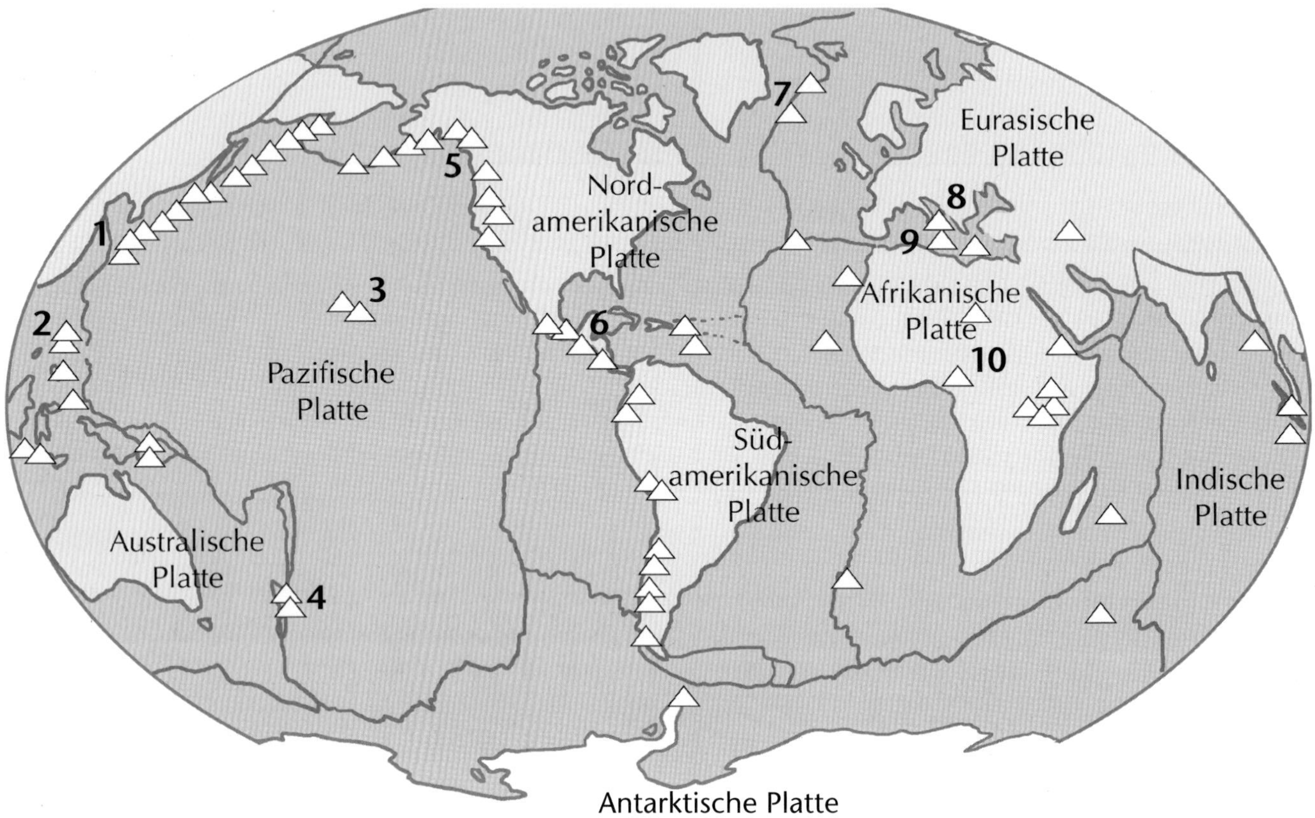

Aufgabe 1

Untersuche die Grafik. Beschreibe die Verteilung der Vulkane (Dreieckssymbol).

____

____

____

____

Aufgabe 2

Finde die folgenden Vulkane mithilfe deines Atlas und ordne ihnen die richtigen Zahlen zu.

___ Ätna ___ Eyjafjallajökull ___ Fudschijama ___ Kilauea ___ Nyiragongo

___ Mount St. Helens ___ Pinatubo ___ Popocatépetl ___ Taranaki ___ Vesuv

Station 7

Name: ______________________

Vulkan-Rätsel

Aufgabe

Finde die zehn Begriffe rund um das Thema Vulkane und kreise sie ein. Sie können waagrecht, senkrecht und diagonal stehen.

Z	K	S	P	Ö	Q	C	U	S	T	A	N	K	L	E
G	E	C	T	N	X	F	A	L	Ä	R	W	E	N	L
S	C	H	L	O	T	U	L	Ü	C	N	R	B	H	F
V	A	I	Q	J	Z	O	L	E	A	B	H	N	A	I
N	S	C	H	I	L	D	V	U	L	K	A	N	M	S
B	B	H	G	H	J	A	K	Z	D	E	W	U	I	L
Y	C	T	N	R	H	E	V	Q	E	M	A	G	M	A
O	E	V	M	L	R	T	O	A	R	Y	I	T	Z	N
L	K	U	E	M	U	R	H	G	A	V	I	C	R	D
R	L	L	E	S	J	R	L	U	C	A	R	T	E	Ä
U	D	K	N	A	U	M	K	T	Ö	D	B	C	M	U
K	R	A	T	E	R	V	J	U	K	F	R	S	O	C
Ü	X	N	M	T	A	K	I	L	D	F	T	E	S	D

Name: ____________________

Was ist Wetter?

Aufgabe 1

Lies den Text aufmerksam durch.

Man sagt: „Das Wetter heute ist aber wieder traumhaft schön." oder „So ein scheußliches Wetter." Aber was genau meint man damit? In erster Linie geht es darum, ob es nass oder trocken, warm oder kalt, windig oder windstill ist. Das tägliche Wetter ist das Zusammenspiel von Luftdruck, Wind, Temperatur, Bewölkung, Luftfeuchtigkeit und Niederschlägen. Alle diese Wetterelemente beeinflussen sich gegenseitig. Wind entsteht zum Beispiel nur bei unterschiedlichen Luftdruckverhältnissen, und die Temperatur zu einer bestimmten Zeit wird maßgeblich durch die Sonneneinstrahlung und die Bewölkung beeinflusst. Daraus lässt sich bereits erkennen, dass das Wettergeschehen so vielfältig ist, dass es kaum Tage im Jahr gibt, an denen das Wetter identisch ist. Dasselbe gilt für den Ort. Wetterereignisse treten oft nur sehr lokal auf. Das kennst du vielleicht von Niederschlägen, die bei dir vom Himmel fallen, einige Kilometer weiter aber nicht. Daraus wird vielleicht schon deutlich, dass die Wettervorhersage eine komplexe Sache ist. Die Meteorologen (das sind die Wetterfachleute) verfügen über ein dichtes Netz von Beobachtungsstationen. Für eine Vorhersage werden die Daten gesammelt und in eine Wetterkarte eingetragen.

Aufgabe 2

Schreibe die Elemente, die das Wetter bestimmen, in das „Haus des Wetters".

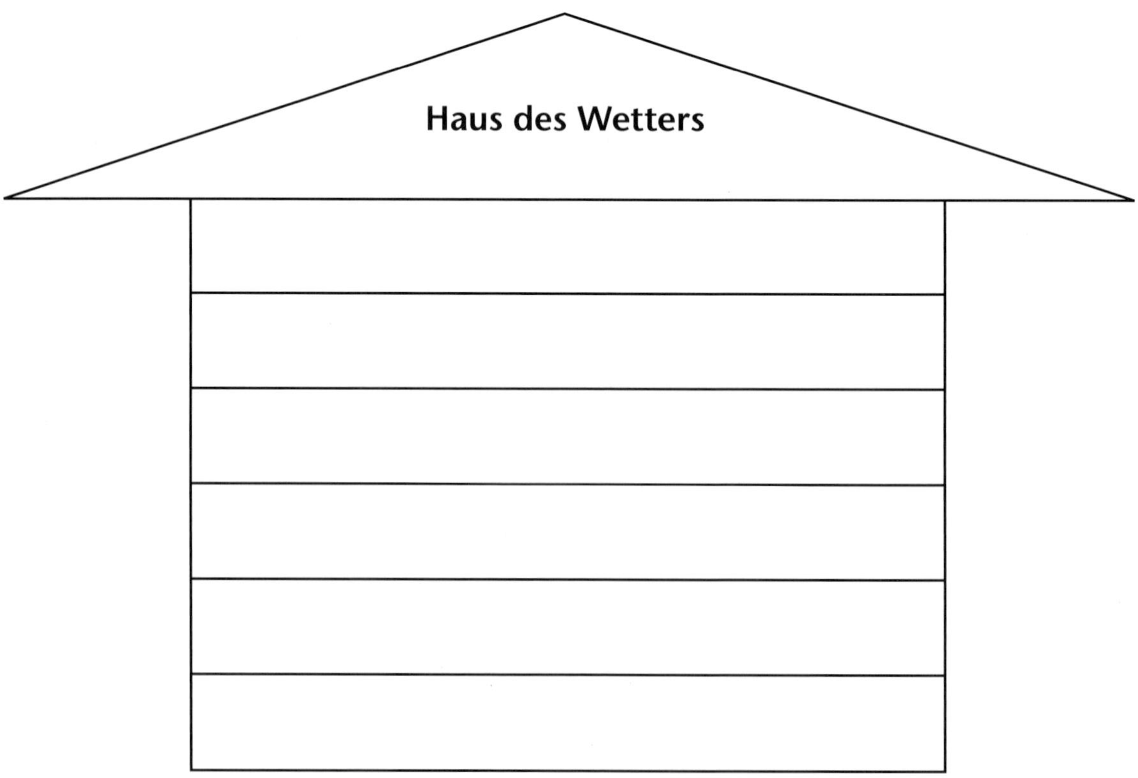

Name: ____________________

Entstehung von Wind

Aufgabe 1

Lies den Text aufmerksam durch.

Unsere Atmosphäre besteht aus einem Gemisch verschiedener Gase. Dies sind vor allem Stickstoff und Sauerstoff. Das einfallende Sonnenlicht erwärmt diese Luftmassen. Wie stark sie erwärmt werden, hängt eng mit dem Winkel, in dem das Sonnenlicht auf die Erde trifft, zusammen. Dabei gilt: Je senkrechter die Sonnenstrahlen auf die Erde treffen, desto stärker wird dort die Luft erwärmt. Daher haben wir am Äquator, wo das Sonnenlicht fast senkrecht einfällt, eine besonders hohe Wärmeentwicklung. An den Polen fällt das Licht in einem sehr flachen Winkel auf die Erde, was dazu führt, dass es dort immer kühl ist. Durch die nun vorhandene unterschiedliche Erwärmung der Erdoberfläche entstehen in der Atmosphäre unterschiedliche Druckbereiche, die man als **Hoch- oder Tiefdruckgebiete** bezeichnet, um deren Mitte sich Luftwirbel bewegen. Dabei herrscht immer ein Streben nach Druckausgleich, welcher durch Wind erfolgt. Dieser weht immer vom Hoch (H) ins Tief (T). Durch dieses Phänomen hat sich auf unserer Erde ein richtiges Windsystem gebildet. Wind ist also eine durch Sonnenenergie hervorgerufene Erscheinung. Eine weitere Kraft, die den Wind beeinflusst, entsteht durch die Drehbewegung der Erde um ihre eigene Achse. Diese Kraft, die Winde lenken kann, nennt man Coriolis-Kraft.

Aufgabe 2

Zeichne mit Pfeilen die Windströmungen zwischen den Luftdruckgebieten ein.

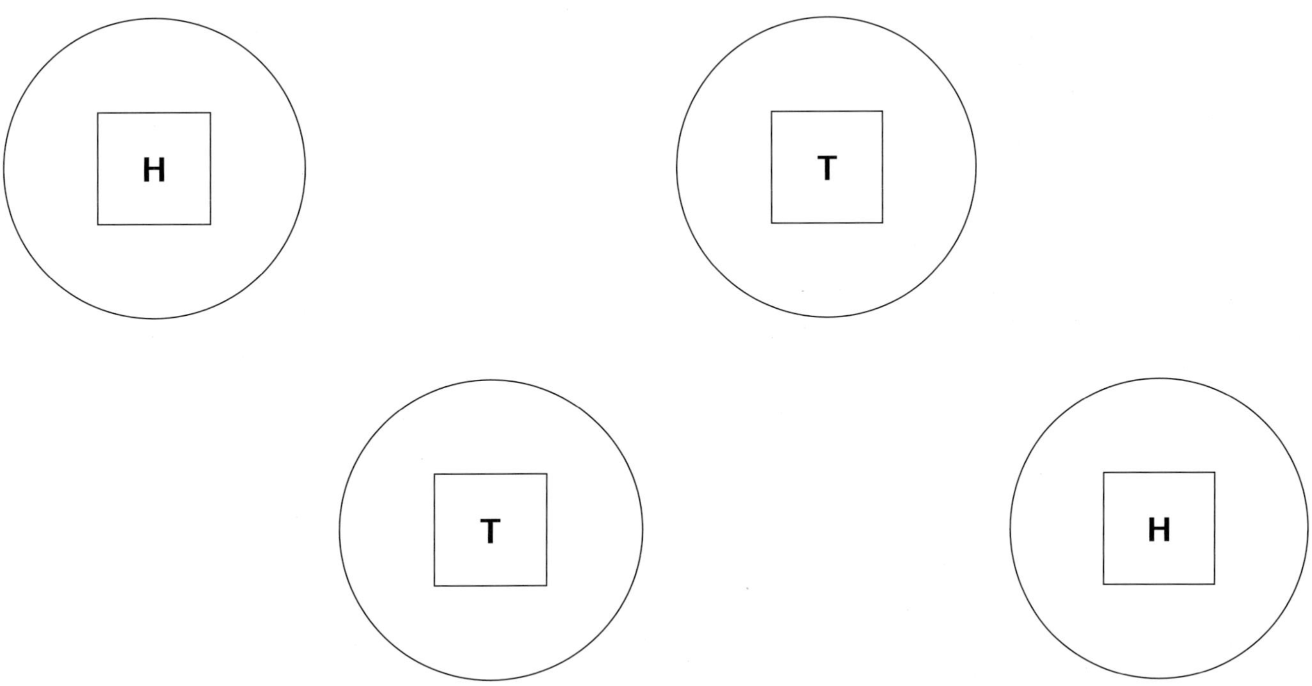

Station 3

Name: ______________________

Landwind-Seewind-System

Aufgabe 1

Ergänze im Text die fehlenden Wörter aus dem Kasten.

abkühlen – Ausgleichsströmung – Hochdruckgebiet – Landwind – Meer Meeresluft – schneller – Seewind – steigt – Tiefdruckgebiet

Wind ist nichts anderes als eine ______________________ zwischen einem ______________________ ______________ und einem ______________________. Hervorgerufen wird dieses Phänomen aufgrund unterschiedlicher Erwärmungen der Erdoberfläche durch Sonnenenergie. Allgemein kann man sagen, dass sich die Luft bei Sonnenlicht auf dem Land ______________________ erwärmt als über einer Wasserfläche. Da sich die erwärmte Luft über dem Land nun ausdehnt und leichter wird, ______________________ sie auf. Dabei wird eine Art Luftraum frei, in den kühlere ______________________ nachströmt. Dies ist der sogenannte ______________________. In der Nacht kehrt sich dieser Vorgang um, da sich die Luftmassen über Land in Abwesenheit von Sonnenenergie schneller wieder ______________________. Dabei wird sie schwerer, verdichtet sich und strömt Richtung ______________________. So entsteht der ablandige Wind oder ______________________.

Aufgabe 2

Stelle in der Abbildung die Strömungsverhältnisse mit Pfeilen dar und füge „Seewind" und „Landwind" hinzu.

TAG

____

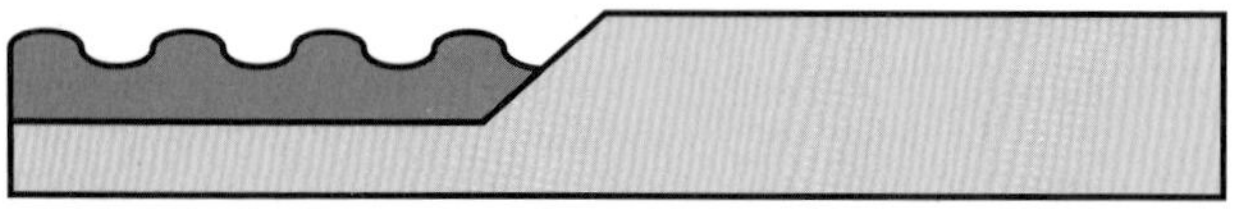

NACHT

____

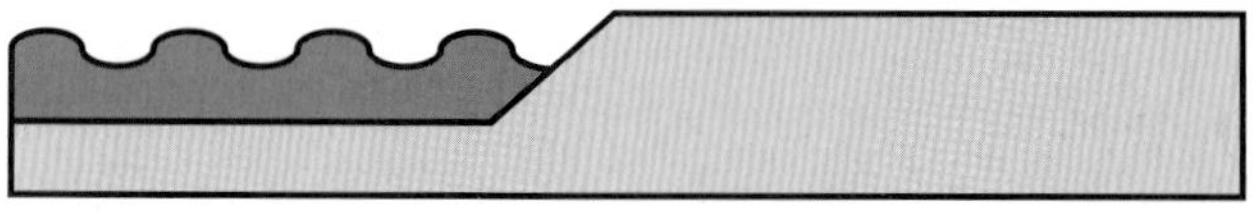

Wind und Wetter

Station 4

Blitz und Donner

Name: ____________________

Aufgabe 1

Lies den Text aufmerksam durch.

Ein Gewitter ist ein meteorologisches Phänomen, das stark an eine Gewitterwolke (Cumulonimbus) gebunden ist. Diese ist eine massige, dichte Wolke, die eine sehr hohe Ausdehnung in die Atmosphäre aufweist. Ihr oberer Teil ist oft sehr breit, weshalb sie auch Ambosswolke genannt wird. Die Voraussetzung für die Bildung von Gewittern sind hohe Temperaturgegensätze zwischen oberen und unteren Luftschichten, sodass starke vertikale Luftbewegungen (Aufwinde) ausgelöst werden. Außerdem muss die Luft genügend Feuchtigkeit enthalten, um die mächtigen Gewitterwolken, die bis in eine Höhe von zwölf Kilometern reichen können, zu entwickeln. Die ständig nachströmende, feuchte Luft kondensiert in den höheren Luftschichten und es entsteht eine sich hoch auftürmende Wolke. In einer Höhe von etwa fünf bis sechs Kilometern gefrieren die Wolkentropfen zu Eiskristallen, die den oberen Teil der Wolke, den Amboss, ausmachen. Durch Reibung, die durch die Luftmassenbewegung in der Wolke entsteht, laden sich nun die Tröpfchen und Eiskristalle elektrisch auf. Die kleinen positiv geladenen Teilchen werden nach oben befördert und die größeren negativ geladenen Teilchen sammeln sich an der Wolkenunterseite. Somit wird in der Wolke eine elektrische Spannung erzeugt. Der Spannungsausgleich erfolgt dann über Blitze, die sich meist innerhalb der Wolke abspielen. Dabei entwickeln die sich entladenden Blitze eine so ungeheure Hitze, dass die umgebende feuchte Luft eine Druckwelle erzeugt, die wir in Form von Donner hören.

Aufgabe 2

Zeichne in die Wolke die Ladungsverteilung und den Ladungsausgleich in Form eines Blitzes ein.

Station 5

Wirbelstürme: Hurrikan vs. Tornado

Name: ______________________

Aufgabe 1

Lies die Texte über die Wirbelstürme aufmerksam durch.

Hurrikan

Der Hurrikan „Katrina" richtete im August 2005 enorme Schäden in Städten entlang der amerikanischen Golfküste an. Er gilt als eine der verheerendsten Naturkatastrophen in der Geschichte der Vereinigten Staaten. Wie bilden sich solch zerstörerische Wirbelstürme? Die wichtigste Voraussetzung für das Entstehen eines tropischen Wirbelsturms ist Meerwasser, das über längere Zeit eine Oberflächentemperatur von mindestens 27° C hat. Daher bilden sich die Stürme immer über Ozeanen in Äquatornähe. Man weiß bislang, dass mit Feuchtigkeit gesättigte Luft über dem warmen Wasser der tropischen Meere erwärmt wird und aufsteigt. In den höheren Luftschichten beginnt die Feuchtigkeit zu kondensieren. Dabei entsteht Energie, die die Luftmassen noch weiter in die Höhe treibt. Da die Erde sich ständig dreht, wirkt sich diese Drehbewegung als Corioliskraft auch auf die aufsteigenden Luftmassen aus und erzeugt einen Luftwirbel. Im Inneren bildet sich eine ruhige Zone, das „Auge" des Sturms. Dabei kann ein tropischer Wirbelsturm eine Ausdehnung von maximal 2 000 km bei einer Rotationsgeschwindigkeit von 300 km/h erreichen. Seine Zuggeschwindigkeit ist dagegen sehr langsam und liegt bei gerade mal 20 bis 30 km/h. Trifft er dann auf kühlere Wasserflächen oder Landflächen, verliert er schnell an Kraft, da ihm die nachströmende Warmluft als Energielieferant fehlt.

Tornado

Tornados entstehen hauptsächlich über Land. Wichtigste Voraussetzung ist feuchtwarme Luft, die auf trockene, kalte Luft trifft. Dabei entstehen enorme Gewitterwolken. Die extremen Temperatur- und Feuchtigkeitsunterschiede sorgen für uneinheitliche Luftbewegungen und Turbulenzen. Treffen diese auf kalten Wind in der Höhe, der in eine andere Richtung weht, kommt es zu Luftwirbeln. Die feuchte Luft wird nach oben gerissen. Der dabei entstehende Sog bildet einen Tornadorüssel, der bis auf den Boden reicht. Tornados treten nur sehr punktuell auf und haben eine Ausdehnung des Rüssels von 20 m bis maximal einige hundert Meter. Ihre Lebensdauer beläuft sich auf nur wenige Minuten, und ihre Schadenspur ist dabei eng begrenzt. Ein Tornado kann beim Auftreffen auf den Erdboden Windgeschwindigkeiten von bis zu 500 km/h entwickeln. Dabei gehen bei einem Tornado, anders als bei einem Hurrikan, keine Niederschläge mit einher.

Aufgabe 2

Vergleiche einen Hurrikan mit einem Tornado und stelle Unterschiede heraus. Erstelle dafür auf einem eigenen Blatt folgende Tabelle.

Hurrikan	Tornado

Name:

Wetter-Rätsel

Aufgabe

Löse das Kreuzworträtsel und finde das Lösungswort. (Ä=AE, Ö=OE, Ü=UE)

Waagerecht

1 Ort, an dem Wetterdaten gesammelt werden

2 Sie wird an einem schattigen, windgeschützten Platz gemessen

3 Gerät zur Messung der Luftfeuchtigkeit

4 Wird am besten in einem Messbecher aufgefangen.

Senkrecht

5 Ereignis, das aus Wärme, Regen, Wolken usw. besteht

6 Person, die die Wettervorhersage macht

7 Wird mit einem Barometer gemessen

Lösungswort: 1 2 3 4 5 6

Station 1: Definition von Naturkatastrophen

Seite 9

Aufgabe 2
Naturkatastrophen werden durch Naturphänomene hervorgerufen. Sie richten materielle Schäden an, fordern Todesopfer und bewirken den Zusammenbruch der inneren Ordnung einer Gemeinschaft oder Gesellschaft.

Naturkatastrophen	
Meteorologisch	**Geologisch**
Stürme (Hurrikan, Tornado)	Erdbeben
Hochwasser, Überschwemmungen	Vulkanausbruch
Dürre	Meteorit
Waldbrände	

Aufgabe 3
Menschen leben immer dichter zusammen. Auch in katastrophengefährdeten Zonen sind Gebiete dicht besiedelt.

Station 2: Mind-Map Naturkatastrophen

Seite 10

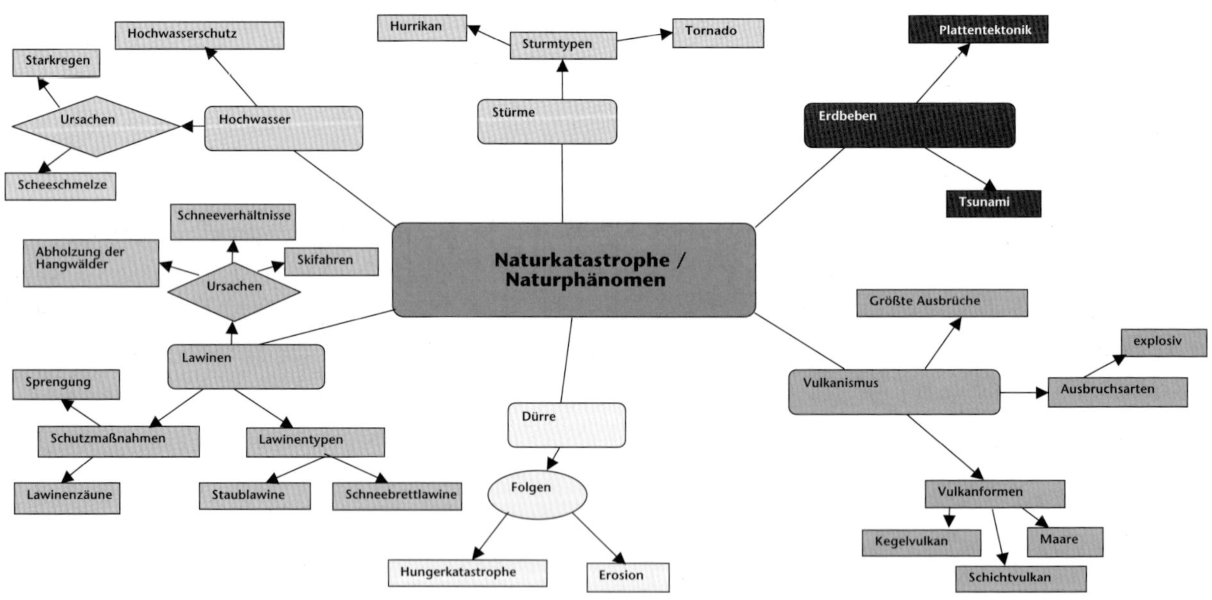

Station 3: Naturkatastrophen verorten

Seite 11

Aufgabe 1

Katastrophen mit den meisten Opfern	Katastrophen mit dem höchsten Schaden (in Mio $)
Erdbeben / Haiti	Hurrikan „Katrina" / USA
Tsunami / Indischer Ozean	Erdbeben / Kobe
Erdbeben / Sichuan / China	Erdbeben / Sichuan
Hitzewelle / Mitteleuropa	Erdbeben / Northridge
Erdbeben / Spitak	Überschwemmung / Jangtse

Aufgabe 2

- Katastrophen mit vielen Todesopfern sind nicht zwingend die teuersten.
- Dicht besiedelte Gebiete mit schlechter Bauweise und Bausubstanz fordern auch hohe Schäden (vgl. Erdbeben / Haiti)
- Naturkatastrophen schwächen auch Industrienationen (vgl. Hurrikan „Katrina" / USA)
- Vor allem Erdbeben verursachen Naturkatastrophen.

Station 4: Gefährdete Zonen der Erde

Seite 12

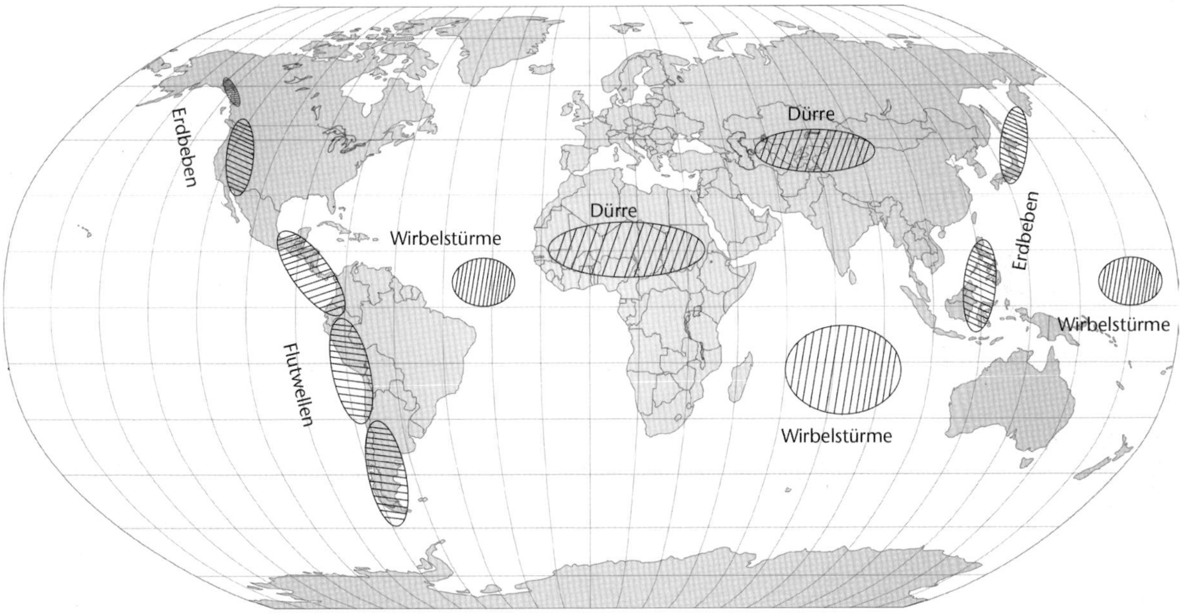

Station 5: Naturkatastrophen 2015

Seite 13

Aufgabe 1

Stürme / Unwetter	Temperaturextreme	Überschwemmungen	Erdbeben
Schwerer Tropischer Sturm „Mekkhala" (Philippinen)	Dürre (Westen der USA)	Überschwemmung (Nordkorea)	Erdbeben (Nepal)
Unwetter (Great Plains, USA)	Dürre (Rumänien, Polen und Tschechien)	Überschwemmung (Südosten der USA)	Erdbeben (Chile)
Sturmtief „Zeljko" (Nordsee)	Dürre (Südafrika)	Überschwemmungen (Südindien und Sri Lanka)	Erdbeben am Hindukusch (Pakistan und Afghanistan)
Taifun „Soudelor" (Saipan, Taiwan und China)		Überschwemmung (UK)	
Taifun „Mujigae" (Philippinen und China)			
Hurrikan Patricia (Mexiko und Guatemala)			
Unwetter (Great Plains, USA)			

Aufgabe 2
Individuelle Lösung

Station 6: Naturphänomene-Rätsel 2012

Seite 14

P	U	I	J	Ü	F	T	M	E	T	E	O	R	I	T	E	N
R	T	V	K	S	N	L	I	U	O	J	G	D	A	M	Y	X
P	S	R	A	W	A	L	D	B	R	Ä	N	D	E	N	Ü	S
C	T	M	O	L	T	W	T	T	N	V	T	Ü	Q	E	B	H
L	Ü	E	P	X	U	L	H	L	A	W	I	R	E	X	E	N
I	R	M	E	T	R	P	F	F	D	X	Q	R	K	Z	R	Ä
Q	M	B	B	A	K	U	V	U	O	N	X	E	C	N	S	O
W	E	V	U	G	A	F	F	B	S	B	Q	B	Q	U	C	K
A	J	G	T	T	T	M	N	Z	W	Z	Ä	S	B	T	H	D
L	V	U	L	K	A	N	A	U	S	B	R	U	C	H	W	C
D	W	J	Ö	N	S	Q	X	G	T	U	G	W	P	K	E	O
B	G	E	W	I	T	T	E	R	G	J	I	V	Y	F	M	L
R	P	P	S	A	R	S	M	I	I	T	S	U	N	A	M	I
Ä	R	Y	Ü	F	O	H	C	Ä	S	U	T	R	Z	L	U	H
N	G	K	I	T	P	B	G	H	U	R	R	I	K	A	N	E
D	N	H	O	C	H	W	A	S	S	E	R	T	U	S	G	L
E	E	R	D	B	E	B	E	N	A	M	M	R	D	J	E	E
V	X	L	Ä	B	G	W	U	A	H	K	E	U	X	O	N	Ü

Station 1: Aufbau der Erde

Seite 15

Aufgabe 1

Die tiefste Bohrung, die jemals durchgeführt wurde, weist eine Bohrtiefe von 12,3 km auf. Wenn man bedenkt, dass der **Erdmittelpunkt** bei 6370 km liegt, kann man sich vorstellen, dass das nur ein Kratzen an der Oberfläche war. Die Oberfläche, auf der wir mit unseren Füßen stehen, nennt man **Erdkruste**, genauer gesagt die **Kontinentale Kruste**, da sie die Landmassen bildet. Der Bereich, der vollständig mit Meerwasser bedeckt ist, wird **Ozeanische Kruste** genannt. Die Erdkruste hat etwa eine Dicke von 40 Kilometern. Bei Bohrungen in Deutschland hat man bei einer Tiefe von 4000 m bereits 200 °C gemessen. An die Kruste schließt sich ein eher **zähflüssiger** Bereich an, der sogenannte **Erdmantel**. Dieser ist nochmals unterteilt, in den **oberen Erdmantel**, der bis in eine Tiefe von 400 km reichen kann, und den **unteren Erdmantel** mit einer Tiefe von 2900 km. Seine Temperatur von 2700 °C bewirkt ein Schmelzen des Gesteins. Die so entstehenden **Konvektionsströme** sorgen für die Bewegung der **Erdplatten**. Bei einer Tiefe von 5100 km befindet sich die Grenze des **Äußeren Erdkerns**. Dieser Bereich des Erdinnern ist etwa 5000 °C heiß, und Gestein, vor allem Eisen und Nickel, beginnt zu schmelzen. Durch Fließbewegungen entstehen elektrische Strömungen. Im Äußeren Erdkern bildet sich das **Magnetfeld** der Erde. Ab einer Tiefe von 5100 km beginnt der Innere Erdkern. Der „**Mittelpunkt** der Erde" ist bei einer Tiefe von 6371 km erreicht. Hier ist der Druck so groß, dass Eisen und Nickel zu einer festen **Kugel** zusammengepresst werden.

Aufgabe 2

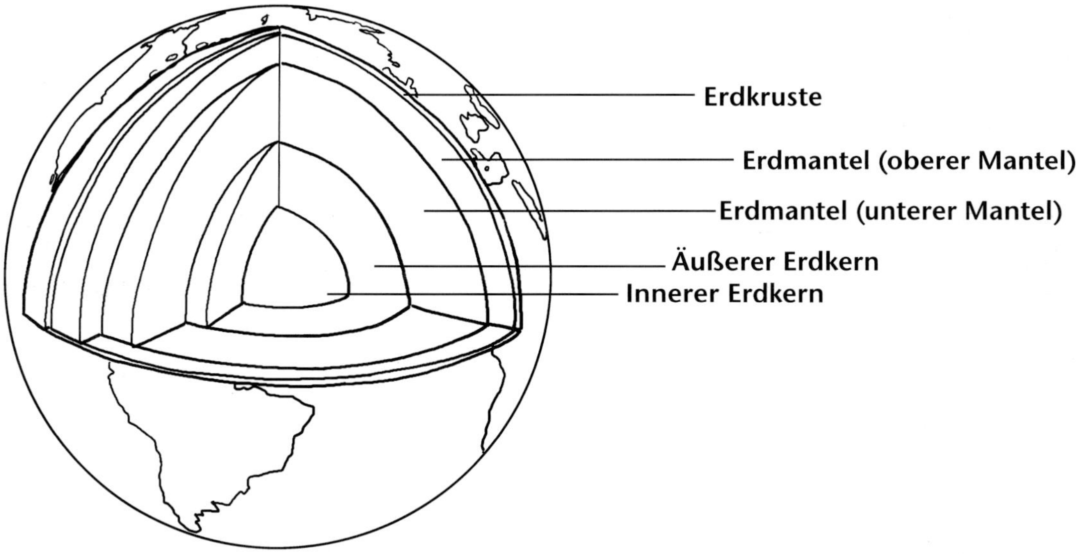

Aufgabe 3

Tiefe (km)	Schichtgliederung	Zustand	Temperatur in °C
0–40	Erdkruste	fest	————
40–400	Oberer Mantel	zähflüssig	————
400–2900	Unterer Mantel	fest	2700
2900–51000	Äußerer Erdkern	flüssig	5000
5100–6371	Innerer Erdkern	fest	————

Station 2: Theorie der Kontinentalverschiebung

Seite 17

Aufgabe 2
Verlauf der Küstenlinie Afrikas und Südamerikas, geologische Funde, Fossilienfunde

Aufgabe 2
Wegener konnte nicht erklären, wie sich die Erdplatten tatsächlich verschieben.

Station 3: Formen der Erdplattenbewegung

Seite 18

Dehnung: Zwei Erdplatten treiben voneinander weg. Dort wo die Erdkruste dünner wird, bricht sie auseinander und Magma tritt aus dem Spalt aus. In Dehnungszonen befinden sich häufig Vulkane.
Stauchung: Zwei Erdplatten bewegen sich aufeinander zu. Die Ozeanische Platte schiebt sich unter die Kontinentale, Magma wird dabei wieder aufgeschmolzen.
Scherung: Die Platten driften aneinander vorbei, wobei sie sich verhaken, da sie nicht glatt sind. Die Spannungen lösen sich ruckartig, es kommt zu Erdbeben.

Station 4: Erdplatten

Seite 19

Aufgabe 1

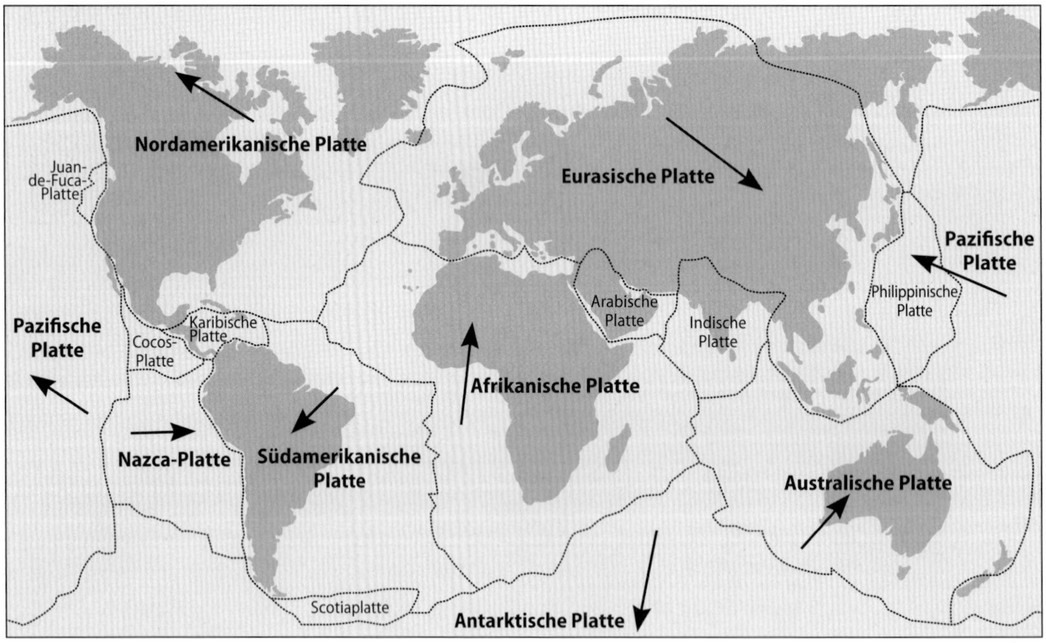

Aufgabe 2
Ozeanische Platten: Nazca-Platte, Pazifische Platte, Scotia-Platte, Philippinische Platte, Cocos-Platte
Kontinentale Platten: Nordamerikanische Platte, Karibische Platte, Südamerikanische Platte, Afrikanische Platte, Eurasische Platte, Indische Platte, Australische Platte

Aufgabe 3
Die Meerenge von Gibraltar verschwindet. Der Zufluss für das Mittelmeer fällt weg, sodass dieses austrocknen wird. Es entsteht eine Landbrücke zwischen Afrika und Europa.

Station 5: Erdbeben und ihre Stärke

Seite 20

Aufgabe 1
A: 3; B: 1; C: 4; D: 8; E: 6

Aufgabe 2
Individuelle Lösung

Station 6: Erdbeben – Schutz und Vorhersage

Seite 21

Aufgabe 2
Seismoskopen sind ungenau und geben nicht den Zeitpunkt des Bebens an.
Seismographen messen die Erdbebenwellen genauer und geben den Zeitpunkt des Bebens an.

Aufgabe 3
Epizentrum: Punkt auf der Erdoberfläche senkrecht über dem Erdbebenursprung
Hypozentrum: Erdbebenherd im Inneren der Erde

Aufgabe 4
Individuelle Lösung

Station 7: Verhalten bei einem Erdbeben

Seite 22

Aufgabe 1

Sicherheitsmaßnahmen im Erdbebengebiet	Während des Bebens	Nach dem Beben
Feuerlöscher bereithalten Arzneikasten vorbereiten Vorrat an Wasser und Konserven anlegen regelmäßig Taschenlampen überprüfen Bücherregale sichern Standfestigkeit von tragbaren Heizgeräten überprüfen	splitterndes Fensterglas vermeiden Feuerquellen ausschalten Zimmertüren öffnen	Radio hören auf Nachbeben achten

Aufgabe 2
Individuelle Lösung

Station 8: Erdbebensuche

Seite 23

Aufgabe 1

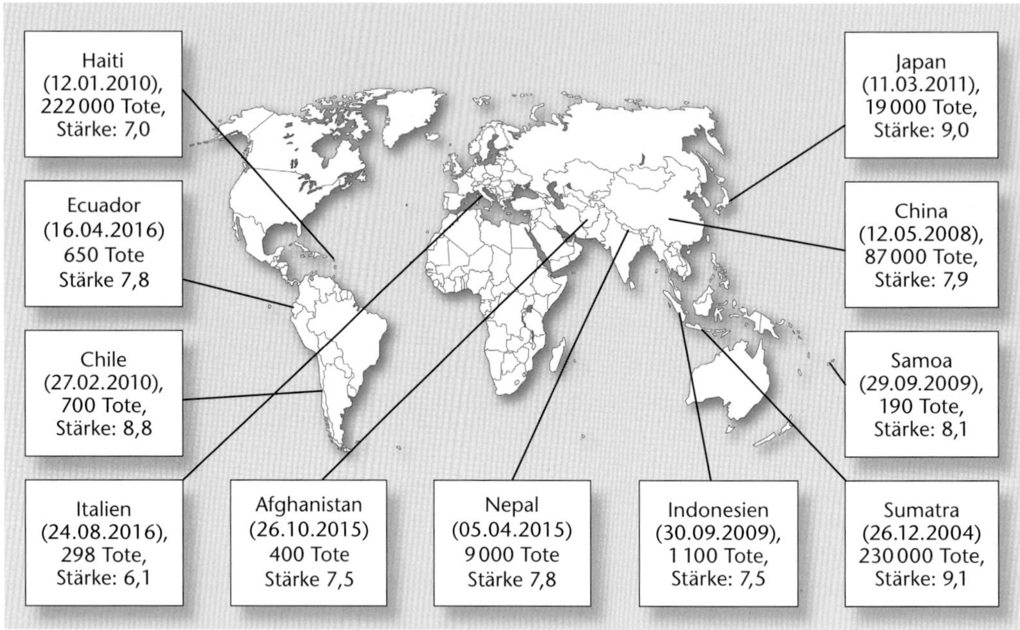

Aufgabe 2
Erdbeben ereignen sich vor allem an den Rändern von Erdplatten.

Station 9: Erdbeben-Rätsel

Seite 24

S	R	E	Ü	D	U	E	R	D	B	E	B	E	N	N	A	S
C	E	X	E	P	I	Z	E	N	T	R	U	M	M	T	H	E
D	R	R	A	H	C	Ö	S	R	Z	D	N	Ä	B	C	V	I
V	F	Ü	D	F	R	R	E	R	D	K	E	R	N	N	M	S
N	A	S	I	M	M	D	U	Ä	T	R	V	M	X	E	S	M
Ä	P	N	U	R	A	S	M	Y	I	U	K	L	W	T	Ö	O
I	R	M	V	P	Ä	N	V	X	E	S	Y	K	G	D	S	G
P	L	A	T	T	E	N	T	E	K	T	O	N	I	K	Ä	R
M	N	G	A	Ö	R	U	L	E	P	E	P	W	J	Q	B	A
K	Y	M	R	E	W	P	Ü	T	L	V	U	M	D	F	A	P
O	F	A	L	T	E	N	G	E	B	I	R	G	E	Y	Ä	H
L	B	Z	H	P	R	M	A	S	T	R	W	Q	I	B	T	X
K	O	N	V	E	K	T	I	O	N	S	S	T	R	Ö	M	E
Y	F	J	H	Ü	R	Ä	A	T	M	R	Q	P	B	E	S	H

Station 1: Asteroid, Komet und Meteorit

Seite 25

Aufgabe 2

Himmelskörper			
Name	Asteroid	Komet	Meteorit
Größe (Durchmesser)	20–40 km max. 1 000 km	etwa 50 km	staubkorngroß bis 100 m
Zusammensetzung	Gestein, Materialreste von der Entstehung des Sonnensystems	Eis und Stein	Stein und Eisen

Station 2: Meteoritenschauer über Russland

Seite 26

Aufgabe 2
Der Asteroid hatte einen Durchmesser von 19 m und wog schätzungsweise 10 000 Tonnen.

Aufgabe 3
Der Asteroid zerbrach in der Stratosphäre und explodierte dann vollständig. Einzelne Bruchstücke gingen in einem See nieder.

Aufgabe 4
Es gab Schäden an Häusern und etwa 1 500 verletzte Menschen, aber keine Todesopfer.

Station 3: Meteoritensuche

Seite 27

Aufgabe 1

Koordinate	Land	Durchmesser (in km)
N 35°01'36 W 111°01'23	USA	ca. 1,2
N 6°30'12 W 1°24'40	Ghana	ca. 7,7
N 67°29'05 O 172°05'16	Russland	ca. 13
S 27°45'58 O 16°17'16	Namibia	ca. 2,4
S 25°24'31 O 28°04'57	Südafrika	ca. 1,1
S 32°00'16 O 135°25'44	Australien	ca. 21
N 26°05'14 O 4°23'42	Algerien	ca. 0,5

Aufgabe 2
Ein Einschlag ist immer kreisrund.

Station 4: Nördlinger Ries

Seite 28

Aufgabe 2

Verdichtung und Erhitzung der Luft kurz vor Aufprall; Erdboden, Sand und Geröll verdampfen und werden weggeschleudert; Stauchungskräfte verdichten den Meteoriten; eingedrücktes Gestein federt zurück; Trümmer werden aus dem Inneren herausgeschleudert; instabile Kraterwände rutschen nach und verbreitern die Einschlagstelle

Station 5: Himmelskörper-Rätsel

Seite 29

X	U	K	O	M	E	T	E	N	S	C	H	W	E	I	F
E	W	R	R	O	P	A	S	G	O	B	M	Y	I	L	Q
F	T	U	R	A	D	H	J	Ö	N	B	M	R	S	O	C
M	L	P	Ä	S	T	T	F	G	N	M	O	T	F	S	B
U	M	K	K	T	Ö	E	D	V	E	X	N	O	Z	R	W
O	E	I	S	E	N	B	R	Z	N	S	C	A	S	T	Z
Q	T	U	C	R	J	K	A	P	W	F	T	O	W	M	U
L	E	Ä	Q	O	G	T	K	A	I	L	W	E	N	Y	M
D	O	F	G	I	J	W	L	Ü	N	V	N	C	I	T	R
M	R	E	Z	D	N	Ö	A	S	D	N	T	E	J	N	V
N	I	O	Y	U	L	R	M	S	P	Q	U	R	M	F	H
S	T	E	R	N	S	C	H	N	U	P	P	E	B	K	A
N	T	E	W	L	Ü	S	Ä	X	U	V	B	T	L	N	R

Station 1: Wasserkreislauf

Seite 30

Aufgabe

A: Wasser verdunstet und steigt auf.
B: Durch Kondensation entstehen Wolken.
C: In kühleren Luftschichten beginnt die Wolke sich auszuregnen, es kommt zu Niederschlägen.
D: Wasser sammelt sich am oder im Boden und wird durch Flüsse und Grundwasser wieder in den See geleitet. Der Prozess beginnt von vorne.

Station 2: Die Gezeiten

Seite 31

Aufgabe 1

Unsere Erde besteht zu fast 75 Prozent aus **Wasser**. Dieses ist rund um den Erdball verteilt. Allerdings entsteht durch die **Rotation** der Erde eine **Fliehkraft**. Ähnlich wie bei einem Karussell wird das Wasser auf der Erde nach **außen** gedrückt. Der Mond hat außerdem eine große **Anziehungskraft**. Diese beiden Kräfte sorgen dafür, dass sich auf der Erde zwei **Flutberge** bilden. Zweimal täglich steigt und sinkt das Wasser in Folge dieser Kräfte. Das Steigen des Wassers wird als **Flut** bezeichnet. Das Sinken nennt man **Ebbe**. Ist der tiefste Stand, das **Niedrigwasser**, erreicht, beginnt der Wasserstand wieder zu **steigen**. Dieser Vorgang dauert etwa sechs Stunden. Das Heben und Senken des Wasserspiegels infolge physikalischer Kräfte nennt man **Gezeiten**.

Aufgabe 2

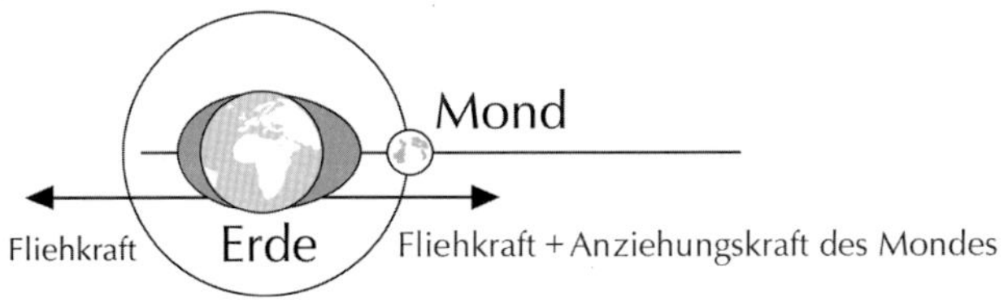

Station 3: Phänomen Tsunami

Seite 32

Aufgabe 2

Tsunamis werden nicht durch Wind, sondern durch ein geologisches Ereignis hervorgerufen. Meist ist dies ein Seebeben oder Erdrutsch unter Wasser. Sie bestehen aus Wellen, die ihre Energie in der Wassertiefe behalten. Treffen sie dann auf die flachen Küstenufer, bauen sie sich zu zerstörerischen Riesenwellen auf.

Aufgabe 3

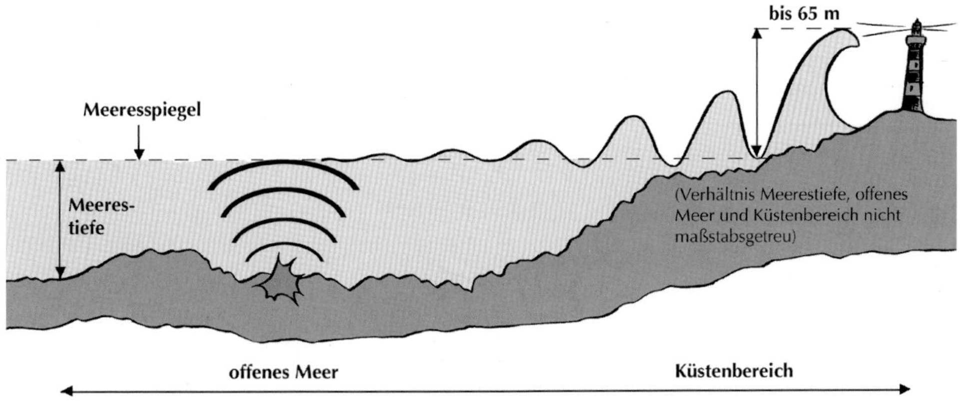

Station 4: Folgen des Monsuns — Seite 33

Aufgabe 2

Hilfe für	
... die Menschen	**... das Land / die betroffene Region**
Einrichtung von Camps Hygieneartikel medizinische Versorgung Zelte und Notunterkünfte Lebensmittel sauberes Trinkwasser	Aufbau von - Häusern - Dörfern - Schulen - Verkehrswegen - Infrastruktur

Station 5: Hochwasser — Seite 34

Aufgabe 2
Ein Drittel des Landes ist besonders überschwemmungsgefährdet, das betrifft die gesamte West- und Nordküste sowie die tiefer liegenden Gebiete entlang des Rheins.

Aufgabe 3
Die Niederländer spielen mit einer Übung, die 15 Mio. Euro gekostet hat, die Katastrophe durch. Sie nehmen dabei an, dass ein Drittel des Landes überflutet ist und zwei Drittel der Bevölkerung betroffen sind. Dabei üben sie die Evakuierung der Bevölkerung zum Teil real mit Statisten, zum Teil auch in Planspielen.

Station 6: Leben mit dem Wasser — Seite 35

Aufgabe 2
Schwimmende Häuser haben zwei Stockwerke. Ihr Keller ist nicht im Erdreich eingegraben, sondern steht auf einer Betonwanne. Das hohle Fundament verleiht den Häusern Auftrieb, sodass sie sich gegebenenfalls über Wasser halten können. Alternativ kann das Fundament aus Styropor bestehen, die Hohlräume werden dann mit Spezialbeton ausgegossen. Damit die schwimmenden Häuser nicht abtreiben, gleiten sie an zwei Stahlsäulen bei Hochwasser aufwärts und bei sinkenden Pegelständen wieder abwärts.

Aufgabe 3
Da über ein Viertel ihres Landes unter dem Meeresspiegel liegt, haben die Niederländer immer wieder mit Hochwasser zu kämpfen. Die Idee, schwimmende Häuser zu bauen, entstand 1995, als die Flüsse Vaal und Maas über die Ufer traten und 65 000 Bewohner evakuiert werden mussten. Die neue Bauweise ermöglicht den Menschen, ihre Häuser auch bei Hochwasser weiterhin zu bewohnen. Somit konnte der kostspielige Bau höherer Dämme verhindert werden.

Station 7: Wasser-Rätsel — Seite 36

1 KOCHT; 2 EIS; 3 GRUNDWASSER; 4 HOCHWASSER; 5 WOLKEN; 6 QUELLE; 7 GASFOERMIG; 8 TSUNAMI; 9 SCHNEESCHMELZE; 10 SCHNEE; 11 GEZEITEN
Lösungswort: WASSERKREISLAUF

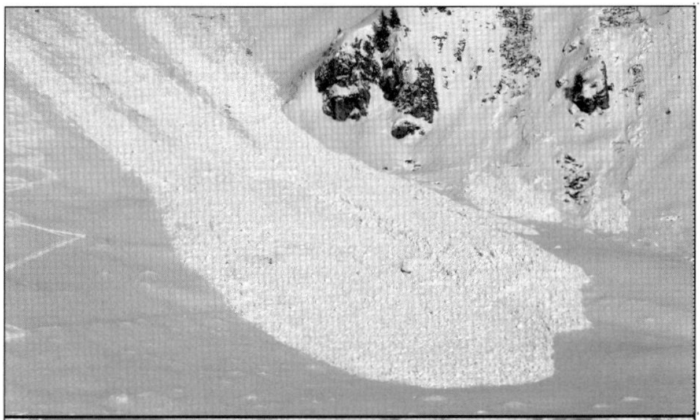

Lockerschneelawine
Diese Lawine entsteht meist an sehr steilen Hängen. Ihr geht ein punktueller Anriss der Schneedecke voraus, beim Rutschen ins Tal schwillt sie aufgrund der Kettenreaktion immer weiter an.

Staublawine
Bei einer Staublawine stürzen große Mengen Schnee den Berg hinab und es kommt zu Schneeverwirbelungen. Dabei entstehen Luftdruckschwankungen, die einem Sturm ähnlich sind. Staublawinen können deshalb große Schäden anrichten.

Dachlawine
Sie ist die kleinste der Lawinen und geht von Hausdächern ab, wenn die Schneelast zu groß wird. Dabei richtet sie kaum Schaden an.

Schneebrettlawine
Bei der Schneebrettlawine reißt linienförmig ein Teil der Schneedecke quer zum Hang ein. Dieser zusammenhängende Teil gleitet auf den unteren Schneeschichten ins Tal. Sie ist für Wintersportler und Bergsteiger die gefährlichste Lawinenform.

Station 2: Lawinenschutz

Seite 38

Aufgabe 1

1. Stahlschneebrücken haben die Aufgabe, das Anbrechen von Lawinen zu verhindern und Schneerutsche aufzuhalten. Dabei wird den Schneemassen eine im Boden verankerte Stützfläche entgegengestellt, die die Schneemassen auffangen soll. Die Stahlschneebrücke wird sowohl bergauf als auch bergab im Boden verankert.
2. Die talseits gerichtete Seite einer Lawinengalerie bleibt offen, daher der Name Galerie. Die Lawinengalerie ist an besonders gefährdeten Straßenabschnitten (Galeriestraße) oder Eisenbahnstrecken in den Hang gebaut und soll sowohl die Strecke als auch die Benutzer der Strecke bei Lawinenabgängen schützen.
3. Abgesperrte Pisten sollen vor allem Wintersportler warnen und verhindern, dass lawinengefährdete Gebiete betreten werden, da sonst eine Lawine abgehen könnte.

Aufgabe 2

Bei Lawinensprengungen werden aus Seilbahnkabinen und Hubschraubern oder aus der Ferne mit speziellen Kanonen Sprengladungen auf lawinengefährdeten Hängen zur Detonation gebracht. Damit sollen kontrollierte Lawinenabgänge ausgelöst und die Gefahr für die Allgemeinheit verringert werden.

Station 3: Schäden durch Lawinen

Seite 39

Aufgabe 2

Verschüttung von Menschen; Todesfälle; Sachbeschädigung an Häusern und Autos; Zerstörung von Häusern; Beschädigung der Infrastruktur

Station 4: Pro und Kontra „Skipiste“

Seite 40

Aufgabe 2

Bürgermeister: pro – Vertreter des nationalen Skiverbandes: pro – Naturschützer: kontra – Anwohnerin 1: pro – Anwohner 2: kontra

Aufgabe 3

Individuelle Lösung

A	S	H	E	L	I	K	O	P	T	E	R	J	O	L
N	J	O	P	Ä	A	D	R	E	Z	M	E	S	B	N
B	O	Ä	S	Z	I	W	E	M	C	F	T	U	M	Y
U	L	E	B	S	S	K	I	P	I	S	T	E	M	I
F	O	T	M	S	B	R	Ö	N	A	S	U	K	B	M
C	N	Q	T	E	L	K	Z	S	E	L	N	B	Y	T
N	S	R	I	K	A	D	L	P	Ö	R	G	B	X	I
N	O	C	F	R	W	Z	N	Ü	T	V	S	E	N	C
G	M	E	H	J	I	U	G	H	E	Z	S	B	U	V
N	U	E	R	N	N	M	P	R	Q	I	C	R	M	T
D	H	A	R	K	E	T	M	H	E	V	H	Ü	D	V
B	L	A	W	I	N	E	N	U	N	G	L	Ü	C	K
M	U	R	T	S	O	B	R	N	M	E	I	K	J	L
F	O	J	T	Y	P	M	O	D	Q	L	T	C	G	E
H	A	S	K	I	F	A	H	R	E	R	T	D	I	B
G	H	T	I	M	E	T	R	B	S	Q	E	H	P	Ä
W	I	N	T	E	R	S	P	O	R	T	N	N	Ö	R

Station 1: Desertifikation

Seite 42

Aufgabe 2
Desertifikation bedeutet, dass auf landwirtschaftlichen Flächen bei Dürren wüstenähnliche Zustände entstehen. Dabei geht die Vegetation in diesen Gebieten zurück, das Wasser wird knapp, und die Böden erodieren, versalzen oder versanden.

Aufgabe 3
1. Überweidung; 2. Abholzung; 3. falsche Bewässerungstechnik

Aufgabe 4

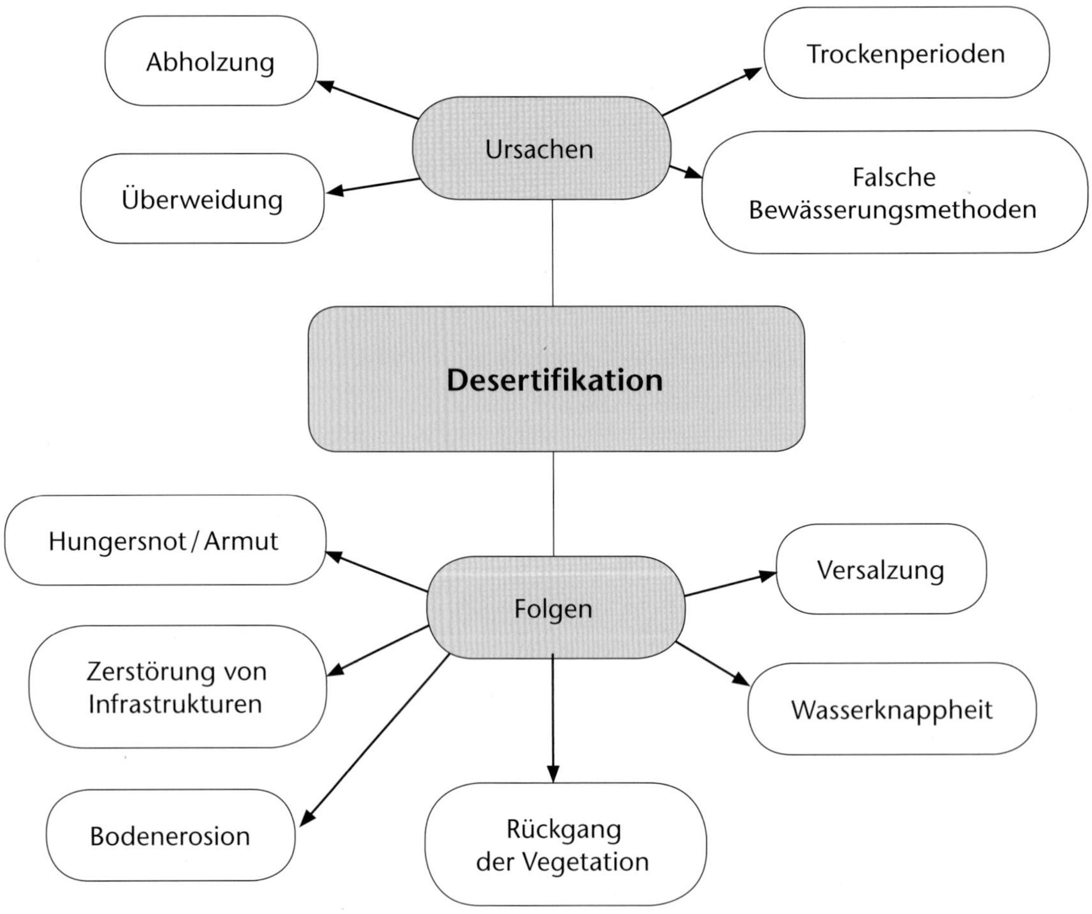

Station 2: Wüstenregionen der Erde

Seite 44

a) 1 Mojave-Wüste; 2 Atacamawüste; 3 Sahara; 4 Kalahari; 5 Gobi; 6 Große Victoria-Wüste
b) Westsahara, Marokko, Algerien, Libyen, Tunesien, Ägypten, Mauretanien, Mali, Niger, Tschad, Sudan
c) Mongolei, China

Station 3: Sommer 2003 — Seite 45

Aufgabe 2
Wasserknappheit, Schifffahrt kommt zum Erliegen, Todesfälle bei älteren Menschen, Dürre in der Landwirtschaft

Aufgabe 3
Ursache ist eine besonders stabile Wetterlage mit einem Hochdruckgebiet über Mitteleuropa und jeweils einem Tiefdruckgebiet westlich und östlich davon. Dadurch wird im Sommer heiße Luft herangeführt.

Station 4: Dürrekatastrophe in den USA 2012 — Seite 46

Aufgabe 2
Ursachen: Hitze, starke Winde, Monokulturen, Einsatz von Mähdreschern
Folgen: Austrocknen des Bodens, Staubstürme, Entstehung von wüstenähnlichen Gebieten

Aufgabe 3
Individuelle Lösung

Station 5: Bekämpfung der Desertifikation — Seite 47

Aufgabe 2
Die UNCCD unterstützt die Staaten darin, die natürlichen Ressourcen (Boden, Wasser, Vegetation) eines Landes schonend und nachhaltig zu nutzen. Sie unterstützt damit die wirtschaftliche Entwicklung und den Umweltschutz.

Aufgabe 3
Technologien (z. B. Bewässerungstechniken); wirtschaftliche Bedingungen; politische Mitwirkung; Absicherung in Krisen

Station 6: Klimatische Bedingungen der Antarktis — Seite 48

Aufgabe 2
muss Temperaturen bis -40 °C abhalten; muss aufgrund der Schneefallmenge wasserdicht sein, muss atmungsaktiv und winddicht sein

Aufgabe 3
4 Antarktische Halbinsel; 2 Geographischer Südpol; 7 Indischer Ozean; 5 Königin-Maud-Land; 1 Mount Erebus; 3 Mount Vinson; 6 Weddellmeer; 8 Wilkesland; 9 Wostok

Station 1: Schichtvulkan — Seite 49

Aufgabe 2

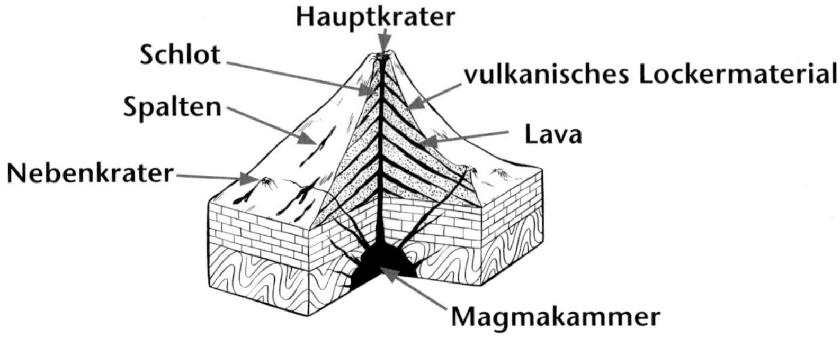

Station 2: Schildvulkan — Seite 50

Aufgabe 2

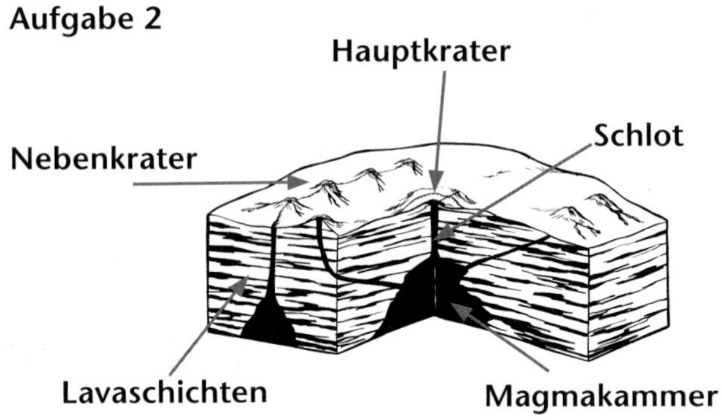

Station 3: Unterschiede zwischen Schicht- und Schildvulkan — Seite 51

	Schichtvulkan	Schildvulkan
Aussehen	kegelförmig	flach
Aufbau	Lava- und Ascheschichten im Wechsel	Lavaschichten
Form des Kraters	spitz	breit
Ausbruchsverhalten	explosionsartig	langsam ausfließend
Förderprodukte	Lava, Asche, Bims, Bomben	Lava

Station 4: Leben am aktiven Vulkan

Seite 52

Aufgabe 2
6 Capri; 7 Golf von Neapel; 1 Ischia; 3 Neapel; 2 Phlegräische Felder; 5 Pompeji; 4 Vesuv

Aufgabe 3
Der Vesuv ist eine Gefahr, weil er wieder ausbrechen und die umliegenden Städte und Landschaften zerstören kann. Er ist ein Gewinn, weil die Lava sehr fruchtbare Böden ergibt und weil Touristen kommen, die den rauchenden Vulkan besichtigen wollen.

Station 5: Der Ausbruch des Vesuvs

Seite 53

Aufgabe 2
Erdstöße; Gipfel des Vesuvs explodierte; Ascheregen; Lavaströme; Schlammlawinen; Phosphordämpfe; umherfliegende Lavabrocken und Bimssteine; Flutwelle; Verdunkelung der Sonne (drei Tage)

Station 6: Wo gibt es Vulkane?

Seite 54

Aufgabe 1
Vulkane befinden sich vor allem an den Rändern der Erdplatten.

Aufgabe 2
9 Ätna; 7 Eyjafjallajökull; 1 Fudschijama; 3 Kilauea; 10 Nyiragongo; 5 Mount St. Helens; 2 Pinatubo; 6 Popocatépetl; 4 Taranaki; 8 Vesuv

Station 7: Vulkan-Rätsel

Seite 55

Z	K	S	P	Ö	Q	C	U	S	T	A	N	K	L	E
G	E	C	T	N	X	F	A	L	Ä	R	W	E	N	L
S	C	H	L	O	T	U	L	Ü	C	N	R	B	H	F
V	A	I	Q	J	Z	O	L	E	A	B	H	N	A	I
N	S	C	H	I	L	D	V	U	L	K	A	N	M	S
B	B	H	G	H	J	A	K	Z	D	E	W	U	I	L
Y	C	T	N	R	H	E	V	Q	E	M	A	G	M	A
O	E	V	M	L	R	T	O	A	R	Y	I	T	Z	N
L	K	U	E	M	U	R	H	G	A	V	I	C	R	D
R	L	L	E	S	J	R	L	U	C	A	R	T	E	Ä
U	D	K	N	A	U	M	K	T	Ö	D	B	C	M	U
K	R	A	T	E	R	V	J	U	K	F	R	S	O	C
Ü	X	N	M	T	A	K	I	L	D	F	T	E	S	D

Station 1: Was ist Wetter? — Seite 56

Aufgabe 2
Bewölkung, Wind, Temperatur, Luftdruck, Luftfeuchtigkeit, Niederschläge

Station 2: Entstehung von Wind — Seite 57

Aufgabe 2

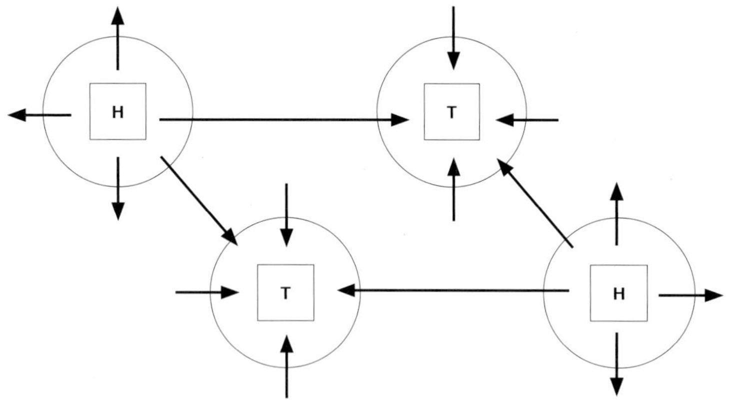

Station 3: Landwind-Seewind-System — Seite 58

Aufgabe 1
Wind ist nichts anderes als eine **Ausgleichsströmung** zwischen einem **Hochdruckgebiet** und einem **Tiefdruckgebiet.** Hervorgerufen wird dieses Phänomen aufgrund unterschiedlicher Erwärmungen der Erdoberfläche durch Sonnenenergie. Allgemein kann man sagen, dass sich die Luft bei Sonnenlicht auf dem Land **schneller** erwärmt als über einer Wasserfläche. Da sich die erwärmte Luft über dem Land nun ausdehnt und leichter wird, **steigt** sie auf. Dabei wird eine Art Luftraum frei, in den kühlere **Meeresluft** nachströmt. Dies ist der sogenannte **Seewind**. In der Nacht kehrt sich dieser Vorgang um, da sich die Luftmassen über Land in Abwesenheit von Sonnenenergie schneller wieder **abkühlen**. Dabei wird sie schwerer, verdichtet sich und strömt Richtung **Meer**. So entsteht der ablandige Wind oder **Landwind**.

Aufgabe 2

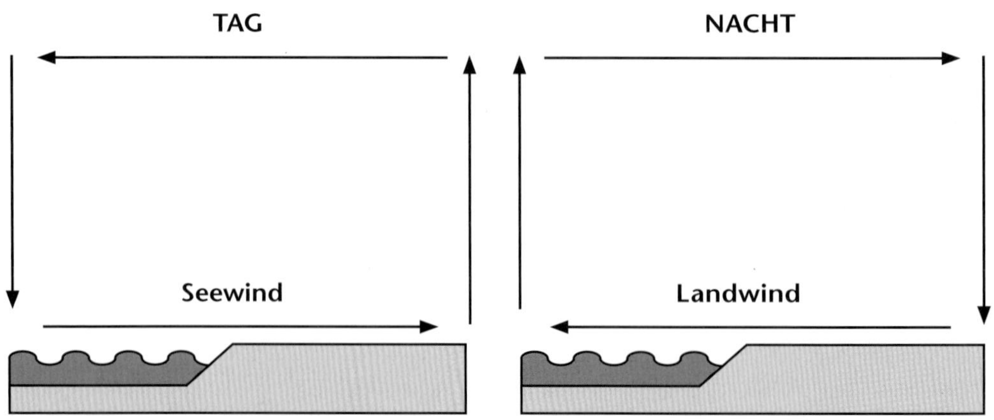

Station 4: Blitz und Donner

Seite 59

Aufgabe 2

Station 5: Wirbelstürme: Hurrikan vs. Tornado

Seite 60

Aufgabe 2

Hurrikan	Tornado
entsteht über dem Meer sehr groß Rotationsgeschwindigkeit bis 300 km/h langsame Zuggeschwindigkeit	entsteht auf dem Land geht einer Gewitterfront voraus Rotationsgeschwindigkeit bis 500 km/h kurzlebig sehr zerstörerisch unberechenbar

Station 6: Wetter-Rätsel

Seite 61

1 WETTERSTATION; 2 TEMPERATUR; 3 HYGROMETER; 4 NIEDERSCHLAG; 5 WETTER; 6 METEOROLOGE; 7 LUFTDRUCK
Lösungswort: WOLKEN

Quellennachweis

S. 11: Weltkarte © Polarpx – Fotolia.com

S. 12/63: Weltkarte mit Gradnetzdarstellung © artalis – Fotolia.com

S. 19/66: Tektonische Platten © Peter Hermes Furian – Fotolia.com

S. 23/68: Weltkarte mit Konturen © Oliver Hauptstock – Fotolia.com

S. 35: Tobias Aufmkolk/Almut Röhrl: Schwimmende Häuser (gekürzt). www.planet-wissen.de/alltag_gesundheit/wohnen/zukunft_wohnen/schwimmende_haeuser.js

S. 37/73: Lockerschneelawine © scattoselvaggio – Shutterstock.com

Staublawine © My Good Images – Shutterstock.com

Dachlawine © Martina Berg – Fotolia.com

Schneebrettlawine: https://commons.wikimedia.org/wiki/File%3ASchneebrett_keschhuette_20130316.jpg von Coronium (Eigenes Werk) [CC BY-SA 3.0 (http://creativecommons.org/licenses/by-sa/3.0)], via Wikimedia Commons

S. 38: Stahlschneebrücken © Turi – Fotolia.com

Lawinengalerie © Alexander Chaikin – Shutterstock.com

Pistensperrung © Jiri ‚Tashi' Vondracek – Shutterstock.com

S. 44: Weltkarte © Vjom – Fotolia.com

S. 48: http://www.d-maps.com/carte.php?num_car=3733&lang=de

S. 49: Mt. Fuji with Aokigahara forest in autumn, Japa © norikazu – Fotolia.com

S. 50: Hawaii – Mauna Loa auf Big Island © TextArt – Fotolia.com

S. 51: Schichtvulkan © Pipo – Fotolia.com

Schildvulkan: http://upload.wikimedia.org/wikipedia/commons/b/b4/Reunion_PitonFournaise.JPG

Jederzeit optimal vorbereitet in den Unterricht?

»